Führen in der Sandwichposition

Erfolg im mittleren Management

Silke Weigang und Joachim Wöhrle

Inhalt

Vorwort

Nicht ganz oben und nicht ganz unten, sondern in den Hierarchieebenen dazwischen agieren die Führungskräfte des unteren und mittleren Managements. Aufgrund dieser besonderen Situation – mittendrin und häufig zwischen allen Stühlen – spricht man auch vom Manager in der Sandwichposition. Er ist eingebettet in eine mehr oder minder stark ausgeprägte Hierarchie und damit von den unterschiedlichsten Interessen, Bedürfnissen und Erwartungen umgeben. Seine für den Unternehmenserfolg so wichtige Leistung wird häufig zu wenig geschätzt.

Die hohe Kunst des Managers der Mitte ist es, trotz des Drucks von allen Seiten seinen Weg zu finden. Mit der notwendigen Flexibilität im Denken und Handeln und der Fähigkeit, Konflikte konstruktiv zu lösen, gelingt es, die unterschiedlichen Anforderungen mit Erfolg zu meistern. Wie das in der Praxis aussehen kann, zeigt dieser TaschenGuide. Er bietet einfach umsetzbare Techniken zur Lösung typischer Problemsituationen, in die ein Sandwichmanager geraten kann.

Wir wünschen Ihnen eine anregende, bereichernde Lektüre mit vielen Anwendungsideen für die Praxis!

Silke Weigang und Joachim Wöhrle

Aus Vereinfachungs- und Platzgründen haben wir in diesem Buch die männliche Form gewählt, sprechen aber gleichermaßen Frauen wie Männer an.

Das Dilemma des Sandwichmanagers

Nur Unternehmensinhaber oder die oberste Führungsebene arbeiten ohne direkte Vorgesetzte. Fast jede Führungskraft in einem Unternehmen hat also nicht nur Mitarbeiter unter sich, sondern auch einen Chef über sich. Erfolg hat in dieser Position mittendrin nur derjenige, der sich im Erwartungsgeflecht von Chefs und Mitarbeitern Spielräume für selbstbestimmtes Handeln schafft.

In diesem Kapitel erfahren Sie,

- wie Sie mit dem Druck von oben und unten fertig werden,
- wie Sie den Spagat zwischen Führen und Geführtwerden meistern,
- welche Schlüsselkompetenzen Ihnen dabei helfen, den Führungsalltag zu bewältigen und
- wie Ihnen ein erfolgreicher Einstieg als Führungskraft gelingt.

Mittendrin – und Druck von allen Seiten?

Der Sandwichmanager ist mittendrin; das Bild im Kopf entsteht mit dem Namen. Auf den ersten Blick ist das keine bequeme Position: Oben eine Toastscheibe, unten eine Toastscheibe, an einer Seite guckt der Kopf raus, an der anderen die Füße und dann will vielleicht auch noch jemand abbeißen? Jetzt fragen Sie sich wahrscheinlich, warum Sie sich das eigentlich antun sollen. Keine Angst, so schlimm wird es nicht werden. Jede Metapher hat eben ihre Grenzen. Sie können dem Bild auch etwas Positives abgewinnen: Mittendrin ist der Belag, ohne ihn schmeckt kein Sandwich.

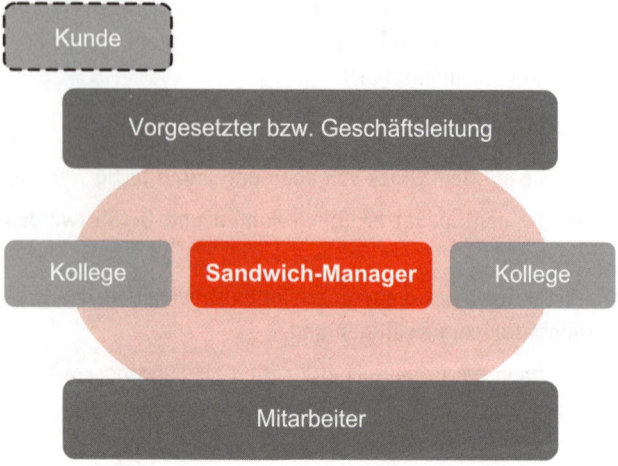

Der Sandwichmanager und sein Umfeld

Die Last der Erwartungen

Von oben macht der Chef Druck, von unten drängen und quengeln die Mitarbeiter und von links und rechts geben die Kollegen anderer Abteilungen kluge Ratschläge – so sieht das Alptraumbild des Sandwichmanagers aus. Vorgesetzte erwarten, dass Sie Ziele erfüllen und Probleme lösen, also schwarze Zahlen liefern und Ärger fernhalten. Für Ihre Mitarbeiter sind Sie der Motivator, der immer mit gutem Beispiel vorangeht, der stets bereite Ansprechpartner für Nachfragen und der Problemlöser, wenn es schwierig wird.

Ein Sandwichmanager wird mit vielen Erwartungen konfrontiert, von seinem Vorgesetzten und von seinen Mitarbeitern. Er trägt Verantwortung und ist anderen gegenüber verantwortlich. Er setzt Ziele und muss mit den Zielvorgaben von Vorgesetzten leben. Er trifft Entscheidungen, aber sein Entscheidungsspielraum bleibt eingeschränkt.

Für den Sandwichmanager gilt immer das klassische Sowohl-als-auch: Er ist sowohl Vorgesetzter als auch der Mitarbeiter eines Vorgesetzten. Der Sandwichmanager erfüllt also mehrere Rollen. Das ist anstrengend, aber in dieser Rollenvielfalt liegt eine Chance: Vielfalt heißt auch Unbestimmtheit. Der kluge Manager der Mitte nutzt genau diese Tatsache, um sich Freiräume zu verschaffen; Freiräume, um seine Rollen selbst zu definieren, und Freiräume, um zu entscheiden, wie er diese Rolle ausfüllen will.

Fremdbestimmt versus selbstbestimmt

Die Risiken des Daseins als Sandwichmanager werden von der Beantwortung einer Grundsatzfrage bestimmt: Wie vermeide ich es, mich im Netz der Erwartungen, Aufgaben, Zielvorgaben und Verantwortlichkeiten zu verheddern? Die Antwort darauf ist im Prinzip sehr simpel: Ein erfolgreicher Sandwichmanager muss die Initiative ergreifen. Er muss führen – sich selbst, seine Mitarbeiter und, soweit ihm das möglich ist, auch seinen Vorgesetzten. Dabei agiert der Sandwichmanager schon aufgrund seiner besonderen Rolle nie allein und vollkommen unabhängig. Aber wer tut das in einem Unternehmen heutzutage überhaupt noch?

Ihre Chancen als Sandwichmanager hängen also von Ihrer eigenen Gestaltungskompetenz ab: Gestalten heißt entscheiden und kommunizieren. Es heißt sich durchsetzen und Verantwortung übernehmen, es heißt Kompromisse eingehen und moderieren. Es wird Ihnen nie gelingen, Risiken ganz auszuschalten oder Chancen optimal zu nutzen. Das ist jedoch kein Grund, frustriert zu sein. Ihre Führungsposition, die gleichzeitig eine Vermittlungsposition ist, eröffnet Ihnen viele Spielräume. Diese zu nutzen und zu erweitern ist eine Frage der intelligenten Planung, des Einsatzes der richtigen Management-Techniken und -Instrumente und der Hartnäckigkeit.

Mittendrin als Sandwichmanager	
Chancen	■ Spielräume definieren, erweitern, ausnutzen
	■ Die eigene Arbeitsweise finden
	■ Aufgaben selbstverantwortlich wahrnehmen
	■ Mitarbeitern Ziele setzen und Mitarbeiter weiterentwickeln
	■ Aufgaben delegieren
Risiken	■ Ziele, Aufgaben und Arbeitsweise werden fremdbestimmt durch den Vorgesetzten
	■ Autoritätsprobleme mit den Mitarbeitern
	■ Überforderung durch die Belastungen und Anforderungen von oben und unten
	■ Verstrickung im Kompetenzgeflecht zwischen anderen Abteilungen und Projekten
	■ Erfolge gehen auf das Konto des Vorgesetzten, Misserfolge auf das des Sandwichmanagers

Dem Phänomen des Drucks werden Sie als Sandwichmanager nie ganz ausweichen können. Vorgaben von oben und ein gewisses Maß an Fremdbestimmung gehören zum Managementalltag. Das heißt aber nicht, dass Sie lediglich funktionieren sollen wie ein Rädchen im Getriebe. Bloßes Funktionieren ist das Gegenteil von Führung. Nutzen Sie Ihren Gestaltungswillen als Ventil, um Druck abzubauen und in positive Ergebnisse umzusetzen.

Aber Achtung: Wenn Sie Gestaltungsmöglichkeiten und Spielräume fordern, müssen Sie diese auch ausfüllen. Auf Dauer werden Sie nur dann mehr Selbstbestimmung, also Entscheidungsfreiheit, bekommen, wenn Ihre Ideen und Ihr Handeln bei der Umsetzung auch Ergebnisse bringen.

Beispiel:

 Beim turnusmäßigen Vier-Augen-Gespräch kritisiert Ihr Chef, dass Ihre Abteilung die Zahlen für den Quartalsabschluss der Tochtergesellschaft „wie immer auf den letzten Drücker" geliefert hat. Sie gehen auf die Kritik ein und stellen gleichzeitig etwas richtig: „Es ist bei den vergangenen vier Abschlüssen zweimal passiert, dass wir erst am letzten Tag und das auch noch am Nachmittag geliefert haben. Das ärgert mich auch." Sie versprechen gemeinsam mit zwei Mitarbeitern Ihrer Abteilung einen Weg zu finden, wie die Zahlen schneller im System bereitgestellt werden können. Dazu holen Sie sich von Ihrem Chef auch die Erlaubnis, einen Mitarbeiter vom Konzerncontrolling zu Abstimmung hinzuzuziehen.

Mit diesem Vorgehen haben Sie gleich mehrere Dinge erreicht: Sie haben gezeigt, dass Sie Kritik ernst nehmen und sich nicht hinter einer Ausrede versteckt. Gleichzeitig haben Sie ganz beiläufig auch noch eine falsche Wahrnehmung Ihres Vorgesetzten korrigiert, ohne gleich in den Konfliktmodus zu verfallen. Die einfache Information darüber, in wie vielen Fällen Sie Ihre Deadline für den Quartalsabschluss ausgereizt haben, hat dafür vollkommen ausgereicht.

Außerdem haben Sie sich grünes Licht dafür geholt, das Problem zu lösen. Und zwar auf eine Weise, die Sie wesentlich mitbestimmen. Das ist genau das, was Handlungsspielräume ausmacht. Quasi als Bonus haben Sie noch zwei weitere Gesichtspunkte berücksichtigt: Sie binden Ihre Mitarbeiter in den Prozess ein und haben sogar die Möglichkeit, bei der Konsultation mit dem Konzerncontrolling auf externes Know-how zurückzugreifen.

Vertrauen durch Handlungskompetenz

Schaffen Sie Situationen, in denen Sie Ihrem Chef Problembewusstsein und Handlungskompetenz signalisieren. Wenn Sie eine gute Lösung präsentieren können, bringt Ihnen das weiteres Vertrauen und mittelfristig vielleicht noch mehr Autonomie. Auch gegenüber Ihren Mitarbeitern setzen Sie ein positives Zeichen, weil Sie zeigen, dass Sie die Dinge in die Hand nehmen und lösungsorientiertem Arbeiten einen hohen Stellenwert einräumen.

> Natürlich ist dieses positive Szenario vom späteren Erfolg abhängig. Wenn Sie also vorschlagen, die Verantwortung für die Lösung eines Problems zu übernehmen, sollten Sie die Erfolgsaussichten vorher gut einschätzen können.

Vom Führen und Geführtwerden

Die Worte „führen" und „Führung" sind verführerisch. Sie suggerieren so viel Einfachheit und Klarheit: Einer führt, die anderen folgen. Dieses eindimensionale Verständnis von Führung hat jedoch mit der Realität wenig zu tun. Führung hat viele Facetten und umfasst viele Aufgaben. In der Sandwichposition sind Ihre Führungsaufgaben besonders komplex. Das Unternehmen hat Ihnen eine Führungsposition anvertraut, damit Sie und Ihre Mitarbeiter zum Unternehmenserfolg beitragen. Sie sind dafür verantwortlich, dass die von Ihnen geführte Abteilung die geforderten Leistungen erbringt und die erwarteten Ergebnisse erzielt oder sogar übertrifft.

Führung heißt, das Verhalten anderer zu steuern und zu beeinflussen. In erster Linie betrifft das Ihre Mitarbeiter. Um sich als Sandwichmanager zu etablieren und weitere Karriereschritte anzustreben, ist es jedoch unerlässlich, einen Teil Ihrer Führungsanstrengungen auch auf Kollegen in anderen Abteilungen und Ihren Vorgesetzten auszuweiten.

Ohne Hierarchie keine Führung

In der Sandwichposition sind Sie das Scharnier zwischen Ihrem Vorgesetztem und Ihren Mitarbeitern. Sowohl zwischen Ihnen und Ihrem Vorgesetzten als auch zwischen Ihnen und Ihren Mitarbeitern besteht eine hierarchische Beziehung. Das ist eine Tatsache, die bei den vielerorts propagierten „flachen" Hierarchien – sei es nun in einem internationalen Konzern oder in der deutschen Fußballnationalmannschaft – oft in Vergessenheit gerät. Auch eine flache Hierarchie ist eine Hierarchie, daran ändert auch der kooperativste Führungsstil nichts. Das hervorstechendste Merkmal der Hierarchie ist die Entscheidungskompetenz. Wie auch immer ein Vorgesetzter seine Mitarbeiter in einen Entscheidungsprozess einbezieht, die endgültige Entscheidung muss er selbst treffen und verantworten.

Wer eine Führungsposition erfolgreich ausfüllen will, ist auf die Akzeptanz und die Kooperation seiner Mitarbeiter angewiesen. Dementsprechend ist es im Interesse Ihres Unternehmens und in Ihrem eigenen Interesse, dass sich die Mehrheit Ihrer Führungsaufgaben direkt mit Ihren Mitarbeitern befasst. Dadurch wird auch klar, wie stark Ihre Führungsarbeit von den Erwartungen der Mitarbeiter geprägt ist. Sie erwarten von Ihnen Orientierung und Unterstützung bei der Entwicklung der eigenen Leistungsfähigkeit. Sie erwarten auch, dass Sie ihre Leistungen fair bewerten. Zu den auf Mitarbeiter bezogenen Führungsaufgaben gehören:

- Steuerung: Ziele setzen, Aufgaben definieren und delegieren, Prozesse steuern

- Kommunikation: Ziele kommunizieren, Aufgaben definieren, Konsens herstellen

- Motivation: Perspektiven zeigen, zu Aufgaben und Projekten motivieren, Sinn vermitteln, Leistungen bewerten, Feedback geben

- Entscheidung: Zeit- und Mittelressourcen verteilen, Handlungsspielräume festlegen, Konflikte lösen

Führung in zwei Richtungen

Hinzu kommen die Führungsaufgaben, die in ihrer Wirkung eher auf den Vorgesetzten und in das Unternehmen hinein ausgerichtet sind. Dabei spielen sowohl Steuerung als auch Kommunikation eine wichtige Rolle. Als Manager in der Sandwichposition nehmen Sie diese Teilaufgaben in zwei Richtungen wahr. Die Mittlerposition ist gerade in Kommunikationsfragen von besonderer Bedeutung. Ihre Informations- und Feedbackaufgaben sind wichtige Instrumente nicht nur in Bezug auf Ihre Mitarbeiter, sondern auch in Richtung Ihres Vorgesetzten.

Bei der Kommunikation mit Ihrem Vorgesetzten können Sie in der Regel den Anlass und die Themen nicht selbst bestimmen. Die Vorgaben macht Ihr Vorgesetzter. Er erwartet, dass Sie ihn über Umsetzungsprozesse in Ihrer Abteilung auf dem Laufenden halten, aber auch, dass Sie ihn über auftretende Probleme rechtzeitig informieren. Auch bei der Kommunikation gilt der Grundsatz der Eigeninitiative: Machen Sie Ihrem Vorgesetzten Vorschläge, wenn Sie Verbesserungsmöglichkeiten sehen, sprechen Sie Themen, die Ihnen wichtig sind, offen an. Das gilt für Positives wie Negatives: Machen Sie ihn auf positive Entwicklungen oder auf fleißige Mitarbeiter aufmerksam. Aber versuchen Sie nicht, Probleme zu überspielen oder gar zu verheimlichen. Es ist immer besser, wenn Sie Ihren Chef auf Schwierigkeiten hinweisen, als wenn er von anderen erfährt, dass etwas schiefläuft.

Gleichzeitig haben Sie Ihrem Vorgesetzten gegenüber noch eine weitere Aufgabe: Sie vertreten die Interessen Ihrer Abteilung und natürlich auch die Ihrer Mitarbeiter. Diese besondere Form des Lobbyismus hat nichts mit Intrigen oder unternehmensinternen „politischen Spielchen" zu tun. Wie alle Ressourcen im Unternehmen sind die Mitarbeiter und deren Leistungsfähigkeit ein knappes Gut, das es zu schützen gilt.

Feedback intelligent weitergeben

Machen Sie sich bewusst, dass Sie in Fragen der Kommunikation zwischen Ihrem Chef und Ihren Mitarbeitern ein Gatekeeper sind: Sie entscheiden darüber, welche Nachricht Sie in welcher Form weitergeben. Dabei geht es nicht darum, Kritik, Lob, Sachinformationen usw. beliebig umzuinterpretieren oder zurückzuhalten. Wenn Sie das tun und Ihre Stellung als Sandwichmanager missbrauchen, wird es irgendwann dazu kommen, dass beide Seiten über Ihren Kopf hinweg miteinander kommunizieren. Die intelligente Weitergabe des Feedbacks von Ihrem Chef an die Mitarbeiter und wiederum von den Mitarbeitern an Ihren Chef ist daher ein wichtiger Erfolgsfaktor für Ihre Position. Nutzen Sie diese indirekte Kommunikation also, um die Aufgaben, die Ihnen gestellt werden, und die Ziele, die Sie sich selbst setzen, besser erfüllen zu können.

Beispiel:

 Ihr Vorgesetzter hat einen wirklich schlechten Tag und schickt Ihnen eine veritable Wutmail – das Wort „Idioten" kommt auch darin vor – wegen versäumter Termine, Qualitätsproblemen und ähnlichem. Der letzte Satz lautet: „Räumen Sie gefälligst Ihren Saustall auf!!!"

In Fällen dieser Art wäre es ganz einfach unklug, die unsachlichen Äußerungen eins zu eins an Ihre Mitarbeiter weiterzugeben, schon allein deswegen, weil sie Ihren Vorgesetzten in einem schlechten Licht erscheinen lassen. Sie müssen sich hier entscheiden, welche Vorgehensweise Ihrer Abteilung am meisten nützt. Anders gesagt: Das Problem, das Ihren Chef so

wütend macht, sollten Sie so schnell wie möglich lösen. Wenn
Sie wissen, dass die Mail Ihres Chefs eher dazu geeignet ist,
bei Ihren Mitarbeitern fieberhafte, aber kopflose Aktivität
auszulösen, sollten Sie die Form der Kritik überhaupt nicht
zum Thema machen. Wenn Sie aber das Gefühl haben, dass
etwas Druck schneller zu einem positiven Ergebnis führt,
können Sie auf die Wut des Chefs hinweisen und auch Ihren
eigenen Ärger deutlich machen.

Wie wollen Sie geführt werden?

Führung hat immer zwei Seiten. Genauso strategisch sollten
Sie sich daher überlegen, wie *Sie* auf die E-Mail Ihres miss-
gelaunten Chefs reagieren. Wenn jemand wütend ist, vor
allem wenn ein Vorgesetzter emotional Kritik übt, ist Sach-
lichkeit Trumpf. Auf ähnliche Weise zu antworten oder in
höflichem Tonfall darauf hinzuweisen, dass man einen Saustall nicht „aufräumt", sondern „ausmistet", wäre sicher keine
gute Idee. Die beste Erstreaktion ist die Botschaft: „Ich habe
verstanden. Ich kümmere mich. Ich löse das Problem." Auf
diese Weise haben Sie also erst einmal auf der Sachebene
geantwortet. Aber das ist schließlich nicht alles. Sie und Ihr
Chef sind Menschen und damit soziale Wesen. Sie müssen
sich die Frage beantworten, ob Sie sein Tonfall stört oder
nicht und was diese Mail über Ihre berufliche Beziehung
aussagt. Eine beleidigende Mail oder ein ausfallender Ton im
persönlichen Gespräch ist ein Ausnahme- aber sicher kein
Einzelfall. Natürlich ist das in Form und Stil unangemessen.
Es ist in erster Linie eine persönliche Entscheidung, wie Sie
damit umgehen. Das hier zitierte Beispiel ist aber nur für die

Wenigsten ein Fall von extremer Herabwürdigung und damit ein Grund für eine Eskalation. Deshalb ist die Trennung des sachlichen Inhalts vom persönlich-emotionalen eine gute Idee. Die Entscheidung, ob Sie Ihren Chef zu einem späteren Zeitpunkt auf die beleidigende Form der Mail ansprechen, sollten Sie davon abhängig machen, ob es Ihnen mit dem Blick auf die langfristige Zusammenarbeit sinnvoll erscheint: Ist die Mail der richtige Anlass, um Grenzen zu ziehen, oder werten Sie so den Konflikt unnötig auf?

Es geht zum Glück selten um Beleidigungen. Klar ist aber: Gerade wenn ich selbst in einer Führungsposition bin, sollte ich gegenüber meinem Vorgesetzten das Thema seiner Führung und meines Geführtwerdens offen ansprechen. Das zieht nicht das Vorgesetztenverhältnis in Zweifel, sondern fragt nach dem Wie der Zusammenarbeit. Dabei geht es eben nicht in erster Linie um Stilfragen, sondern um Dinge, die für den weiteren Verlauf der eigenen Karriere von ganz entscheidender Bedeutung sind:

- Welche persönlichen Entwicklungsmöglichkeiten eröffnet das Führungsverhalten?

- Werden Ziele und Aufgaben in einem dialogischen Prozess ausgehandelt oder rein hierarchisch bestimmt?

- Welche Unterstützung bietet der Vorgesetzte in schwierigen Situationen?

- Wie werden Lob und Kritik kommuniziert?

- Wie wird in Konfliktsituationen zwischen Vorgesetztem und Mitarbeiter eine Lösung herbeigeführt?

Schlüsselkompetenzen für den Managementalltag

Die Schlüsselkompetenzen eines erfolgreichen Sandwichmanagers stehen in engem Zusammenhang mit den auf den
vorhergehenden Seiten beschriebenen Managementaufgaben.
Kompetenzen bündeln Ihr Wissen, Ihre Fertigkeiten und Ihre
Motivationen. Sie sind die Bausteine Ihrer Führungspersönlichkeit. Ihre Kompetenz weisen Sie durch Ihr Verhalten nach.
Niemand kann Ihnen Ihre Kompetenz an der Nasenspitze ansehen – entscheidend ist immer Ihr Handeln.

- Die Basis bildet Ihre Fachkompetenz. Das scheint trivial zu
  sein, ist es aber nicht. Überprüfen Sie Ihr Fachwissen regelmäßig und bilden Sie sich weiter, wenn Sie Defizite
  entdecken. Das heißt nicht, dass Sie als Führungskraft in
  allen Aspekten der Arbeit Ihrer Abteilung über Spezialwissen
  verfügen müssen. Sie müssen in der Lage sein, Fachinfor-
  mationen zu beurteilen und die richtigen Fragen zu stellen.

- Untrennbar mit einer starken Führungspersönlichkeit ist
  die Selbstkompetenz verbunden. Sie setzt sich zusammen
  aus der Fähigkeit zum eigenverantwortlichen Handeln, der
  aus Eigenmotivation geschöpften Leistungsfähigkeit und
  dem Vermögen, das eigene Handeln zu reflektieren und zu
  bewerten.

- Die für jede Form der Führungsarbeit so zentrale Kommunikationsfähigkeit ist ein Teil der Sozialkompetenz. Weitere
  Bestandteile der für Manager so wichtigen Sozialkompetenz sind Einfühlungsvermögen, Teamfähigkeit und Kon-
  fliktfähigkeit.

- Nützliche Instrumente findet ein Manager im Werkzeug-
kasten des Methodenwissens. Dazu gehören Planungs- und
Organisationsfähigkeit, das Wissen über Wirkungszusam-
menhänge im Unternehmen, Methoden des Qualitätsma-
nagements und andere in Ihrem Unternehmen angewen-
dete Managementkonzepte.

Aus den vier Bausteinen Fachkompetenz, Selbstkompetenz,
Sozialkompetenz und Methodenkompetenz und den damit
verbundenen Fähigkeiten setzt sich die Handlungskompetenz
zusammen.

1	Fachkompetenz	
2	Selbstkompetenz	→ Handlungskompetenz
3	Sozialkompetenz	
4	Methodenkompetenz	

Die Führungskompetenz ist eine besondere Form der Handlungskompetenz. Eine hervorgehobene Rolle spielen hier die
Selbstkompetenz und die Sozialkompetenz. Schließlich beruht
Führung immer auf einer Beziehung zwischen Menschen. Die
Gestaltung dieser Beziehung hängt einerseits von der Persönlichkeit der Beteiligten und andererseits von ihrer Fähigkeit zu
sozialem Verhalten ab.

Werte und Authentizität

Weil Ihre Persönlichkeit für erfolgreiche Führungsarbeit so wichtig ist, nehmen Ihre Werte und Ihre Fähigkeit, diese Werte glaubwürdig zu vertreten, eine besondere Rolle ein. Wenn Sie führen, ist jede Ihrer Handlungen ein Beispiel für Ihre Werte. Die Antwort auf Fragen zu glaubwürdiger Führung gibt ein Zitat von Alfred Herrhausen, ehemaliger Vorstandssprecher der Deutschen Bank: „Wir müssen das, was wir denken, auch sagen. Wir müssen das, was wir sagen, auch tun. Und wir müssen das, was wir tun, dann auch sein." Ihr Sein wird also von Ihren Werten bestimmt. Nur wenn Werte, Tun und Sein miteinander im Einklang stehen, werden Sie als Führungskraft auch authentisch wirken. Genau von dieser Authentizität hängt letztlich Ihre Reputation bei Ihren Mitarbeitern und Ihrem Chef ab.

Führung ist soziales Handeln

Die Ausübung Ihrer Führungskompetenz ist eine Form von sozialem Handeln und in besonderer Weise der Kommunikation. Führungskommunikation heißt erklären und überzeugen, Widerspruch zulassen und Konflikte durch Kommunikation lösen. Denken Sie daran, dass Entscheiden immer auch eine Form der Kommunikation ist und keine eindimensionale Tätigkeit. Entscheidungen müssen wie jede Form der Kommunikation von denen verstanden werden, an die sie sich richten. Ohne Akzeptanz wird die Wirkung Ihrer Entscheidungen auf Dauer gering und Ihre Position als Führungskraft schwach sein.

Keine Panik: Ihr Einstieg als Führungskraft

Sie haben die nächste Sprosse auf der Karriereleiter erreicht und erstmals eine Führungsposition inne. Neue Aufgaben und neue Mitarbeiter waren auf Sie. Vielleicht haben Sie auch ein größeres Büro, einen neuen Titel und sogar endlich eine eigene Sekretärin – herzlichen Glückwunsch!

Über kurz oder lang werden Sie feststellen, dass Ihr persönlicher Erfolg als Führungskraft viel stärker von der Leistung anderer abhängt, als das noch in der Zeit der Fall war, in der Sie „einfach nur" Mitarbeiter waren. In dieser neuen Situation ist es ganz natürlich, dass die Herausforderung „Führung" auch ein Nervenflattern auslösen kann.

Was jetzt weiterhilft ist, sich im ersten Schritt einmal Zeit für eine umfassende Analyse zu nehmen. Das heißt ganz einfach: Sammeln Sie so viele Informationen über Ihre neue Abteilung und Ihre neuen Mitarbeiter, wie Sie können. Fangen Sie damit an, sich die richtigen Fragen zu stellen:

- Wer sind meine Mitarbeiter?
- Wie ist die Lage meiner Abteilung?
- Was sind meine Aufgaben und Ziele?
- Wie und mit welchen Ressourcen soll ich diese Ziele erreichen?
- Wem gegenüber bin ich verantwortlich?

Die Frage nach den Mitarbeitern steht ganz bewusst am Anfang: Lernen Sie sie kennen! Dazu gehört als Erstes, dass Sie sich bei Ihren Mitarbeitern vorstellen. Das sollten Sie zunächst einmal vor der gesamten Abteilung tun, wenn das möglich ist. Bei diesem Anlass müssen Sie keine lange (und vor allem keine langatmige) Rede halten. Aber Sie sollten sich gut vorbereiten: Es wird der erste Eindruck sein, den Ihre Mitarbeiter von Ihnen als Führungskraft bekommen.

Bevor Sie über sich berichten, sagen Sie, wie Sie sich den Prozess des Kennenlernens vorstellen. Das ist bereits Ihre erste wichtige Führungsaufgabe: Gehen Sie kurz darauf ein, ob Sie weitere Einzel- oder Gruppengespräche mit Ihren Mitarbeitern führen wollen oder ob es zum Beispiel einen gemeinsamen Workshop, ein gemeinsames Essen oder eine andere Teambuilding-Maßnahme geben soll.

Kennenlernen ist ein Prozess

Diese Fragen müssen Sie vorher selbstverständlich auch mit Ihrem eigenen Vorgesetzten abklären. Machen Sie ihm deutlich, welchen Stellenwert Sie dem Prozess des Kennenlernens einräumen. Planen Sie mit einem entsprechenden Zeitbudget, gerade wenn Veränderungen zu Ihren ersten Aufgaben gehören oder Sie bereits wissen, dass es abteilungsinterne Probleme gibt.

Dieser erste Auftritt ist auch dann wichtig, wenn Sie einige oder alle Ihrer Mitarbeiter schon aus anderen Arbeitszusammenhängen kennen. Überlegen Sie sich, wie Sie auftreten und was Sie sagen wollen. Wenn Ihnen Ihr eigener Vorgesetzter eine „Botschaft" für die Abteilung mitgegeben hat, halten Sie diese möglichst knapp und gehen Sie nicht zu sehr in Details. Denken Sie daran, Ihren Mitarbeitern Raum für Fragen zu lassen.

Sie müssen nicht alle Probleme am ersten Tag zur Sprache bringen, geschweige denn lösen. Am ersten Tag geht es um den persönlichen Eindruck, den Sie jeweils voneinander bekommen.

Wie Sie mehr über Ihre Mitarbeiter erfahren

Wenn irgend möglich, führen Sie mit jedem Ihrer Mitarbeiter ein Vier-Augen-Gespräch und ergänzen Sie das durch Gespräche in der Gruppe. Wenn Sie beide Möglichkeiten nutzen, profitieren Sie dabei auf vielerlei Weise: In Einzelgesprächen erfahren Sie mehr über Ihre Mitarbeiter und können sie persönlich besser einschätzen, in Gesprächen mit mehreren Teilnehmern erfahren Sie etwas über das Verhältnis der Mitarbeiter untereinander und die Gruppendynamik insgesamt.

Denken Sie daran, Sie sind der Neue und auf Informationen angewiesen: über die Arbeitsweise, die Selbsteinschätzung und nicht zuletzt die Stimmung in Ihrer Abteilung. Stellen Sie Ihren Mitarbeitern Fragen und hören Sie deren Antworten gut zu. Mixen Sie die Themen: Zeigen Sie sowohl Interesse an der persönlichen beruflichen Situation Ihrer Mitarbeiter als auch am Stand der Dinge der gesamten Abteilung. Fragen Sie nach technischen und fachlichen Gesichtspunkten, aber auch nach der Arbeitsatmosphäre. Stellen Sie möglichst offene, nicht wertende Fragen, die signalisieren, dass Ihnen die Meinung des Antwortenden wichtig ist. Ein guter Gesprächsfluss bringt häufig interessantere Informationen zutage als gezieltes, detailliertes Nachfragen.

Stellen Sie sich vor allem zu Beginn der Kennenlernphase nicht in den Mittelpunkt. Seien Sie offen für die Fragen Ihrer Mitarbeiter. Nutzen Sie diese Gelegenheit, um Themen zur Sprache zu bringen, die Ihnen wichtig sind, und vertreten Sie dazu auch Ihre Meinung. Denken Sie aber auch daran, dass es gerade zu Beginn einer Arbeits- und Führungsbeziehung auch darum geht, Vertrauen aufzubauen. Weichen Sie Konflikten nicht aus, aber forcieren Sie sie auch nicht, bevor Sie Ihre Mitarbeiter nicht zumindest ein wenig einschätzen können.

> Noch niemand hat die entscheidenden Probleme einer Abteilung oder eines Teams in seiner ersten Arbeitswoche gelöst. Bedenken Sie dies vor allem dann, wenn Sie als neue Führungskraft Veränderungsthemen oder Umstrukturierungen anpacken sollen.

Warum Sie das Gespräch mit dem Chef suchen sollten

Genau wie Ihre Mitarbeiter müssen Sie auch Ihren neuen Vorgesetzten kennenlernen. In der Regel haben Sie von ihm schon etwas über Ihre Aufgaben und die Abteilungsziele erfahren, als Sie noch im Beförderungsprozess waren. Auch an diesem Punkt gilt es nach Ihrer Berufung zur Führungskraft weitere Informationen einzuholen. Wie sieht Ihr Chef die Situation der Abteilung? Wie schätzt er die Leistungsfähigkeit ein und welche Probleme identifiziert er? Nutzen Sie auch im Gespräch mit Ihrem Vorgesetzten jede Chance, Fragen zu stellen. Merken Sie sich, was Ihr Chef zur Beurteilung von Mitarbeitern sagt, achten Sie aber darauf, sich keine vorgefasste Meinung zu bilden.

Vereinbaren Sie mit Ihrem Vorgesetzten ein weiteres Gespräch, nachdem das erste Kennenlernen Ihrer Mitarbeiter abgeschlossen ist und Sie sich eine Meinung gebildet haben. Idealerweise sollte das die Möglichkeit sein, das jeweilige Abteilungsbild miteinander abzugleichen und über das weitere Vorgehen und erste Maßnahmen zu sprechen. Bei der Gelegenheit sollten Sie sich auch darüber austauschen, ob sich an der Aufgabenstellung, an den zur Verfügung stehenden Ressourcen oder an den Verantwortlichkeiten etwas geändert hat. Wenn es bei den grundsätzlichen Rahmenbedingungen – Aufgaben/Ziele, Ressourcen und Mitteleinsatz, Verantwortlichkeiten/Entscheidungskompetenzen – aus Ihrer Sicht Veränderungsbedarf gibt, sollten Sie das zum Thema machen. Ebenso sollten Sie beharrlich sein, wenn Ihr Chef Veränderungen vornehmen will, die Sie nicht befürworten.

Das kann sicherlich ein zäher und kontroverser Verhandlungsprozess sein. Trotzdem sollten Sie sich vor schnellem Nachgeben hüten. Schließlich wird Ihr Erfolg am Ende daran gemessen, ob Sie Ihre Ziele erreicht haben. Dafür sind die Ressourcen, die Ihnen zur Verfügung stehen, und Ihre Entscheidungskompetenzen von entscheidender Bedeutung.

Die neue Führungskraft als Feuerwehr

Beispiel:

> Ihr Unternehmen ist ein erfolgreiches Versandhaus. Nur die in-
> zwischen gar nicht mehr so neue Internettochter im Bereich
> Jugendmode dümpelt seit Jahren vor sich hin. Jetzt sollen Sie
> als Vertriebsverantwortlicher das Kundenmanagement neu struk-
> turieren und gleichzeitig die Abteilung verkleinern.

Diese Ausgangslage als Herausforderung für eine neue Führungskraft zu bezeichnen, ist eine Untertreibung. Wenn Sie
bereit sind, solche schwierigen Aufgaben zu übernehmen, also
Feuerwehr zu sein, sollten Sie sich genau überlegen, an
welche Bedingungen Sie das knüpfen.

Beispiel:

> Im Beispiel oben könnten Sie folgende Bedingungen stellen:
>
> Die Geschäftsleitung gibt Ihnen die Möglichkeit, die Analyse of-
> fenzulegen, auf der die Entscheidung zur Umstrukturierung ba-
> siert.
>
> Die Mitarbeiter bekommen Gelegenheit, diese Analyse zu dis-
> kutieren und dazu auch Stellung zu beziehen.
>
> Das Ziel der Verkleinerung der Abteilung wird von Anfang an
> transparent kommuniziert, dabei wird auch die HR-Abteilung des
> Unternehmens einbezogen.
>
> Für den Prozess der Umstrukturierung und insbesondere für die
> neue Aufgabenverteilung können Sie auf einen externen Mode-
> rator für Workshops zurückgreifen.

1. Schritt: Situationsanalyse

Um als neue Führungskraft eine Krisensituation meistern zu können, sollten Sie denjenigen, die in die Krise involviert sind und unter ihr leiden, eine saubere Situationsanalyse präsentieren können. Es muss für sie nachvollziehbar werden, warum es zu dieser Situation gekommen ist. Es ist in Ihrem Interesse, deutlich zu machen, welche Probleme ihre Ursache in der Vergangenheit haben. Das bedeutet nicht, dass Sie sich als Führungskraft aus der Verantwortung stehlen. Sie achten lediglich darauf, dass Ihre persönliche Autorität als Entscheider nicht von zurückliegenden Fehlern anderer beschädigt wird.

2. Schritt: Offener Austausch mit den Mitarbeitern

Darüber hinaus ist es besonders wichtig, dass die Mitarbeiter offen über anstehende negative Maßnahmen – Entlassungen, Versetzungen, Kurzarbeit etc. – informiert werden. Und gleichzeitig müssen sie schlicht eine Möglichkeit bekommen, ihre Wut und ihre Enttäuschung zu artikulieren. Das wird nicht dazu führen, dass Ihnen die Mitarbeiter von Anfang an vertrauen, aber immerhin haben Sie so die Möglichkeit klarzustellen, welche Verantwortlichkeiten und Sachzwänge bestehen und warum Ihre Aufgabe so ist, wie sie ist. Gepaart mit dem Mut zur Offenheit besteht so zumindest die Chance, verlorenes Vertrauen wieder aufzubauen und mit einem Veränderungsprozess zu beginnen.

Die ersten 100 Tage erfolgreich bewältigen

Bei Politikern gelten die ersten 100 Tage in der neuen Position als Schonfrist. Ob man Ihnen als frisch gebackenem Sandwichmanager eine ähnlich lange Orientierungsphase zugesteht, ist mehr als unsicher. Da Sie vorher nicht wissen, wie viele Tage Sie zum Kennenlernen und Einarbeiten wirklich haben werden, nutzen Sie die Zeit so intensiv wie möglich. Das heißt nicht, dass Sie sich in hektischer Aktivität aufreiben sollen. Gerade zu Beginn geht Analyse vor Aktion. Analyse umfasst drei relativ einfache Tätigkeiten: Zuhören, Beobachten, Informationen auswerten.

Sprechen Sie mit Ihren Mitarbeitern und Ihrem Vorgesetzten, sooft Sie die Möglichkeit dazu haben. Achten Sie darauf, was Ihre Mitarbeiter tun und wie sie es tun. Beobachten Sie besonders ihren Umgang miteinander. Ihnen sollte klar sein, dass das Wie des Zusammenarbeitens viel mit der Unternehmenskultur zu tun hat. Darüber hinaus gibt es in jedem Unternehmen auch ausgeprägte Abteilungskulturen. Die Vertriebler ticken anders als die Ingenieure und die Auslandsgesellschaften anders als die Konzernzentrale. Wer diese Kulturen ändern will, braucht sicherlich länger als 100 Tage.

In allen Unternehmenskulturen aber gilt: Nichts ist so motivierend wie der Erfolg. Wenn Sie die Möglichkeit haben, nehmen Sie sich am Anfang ein Teilprojekt vor, das schon in den ersten drei Monaten sichtbare Verbesserungen bringt. Das schafft Vertrauen nach oben und nach unten. Zwar lässt sich dies nicht immer realisieren, trotzdem ist es wichtig, dass Sie sich ein Ziel setzen, das Sie und alle Beteiligten um Sie herum überzeugt. Wenn auch nicht immer der schnelle Vorteil winkt: Als Sandwichmanager sind Sie dann am überzeugendsten, wenn Sie Ihrem Chef und Ihren Mitarbeitern vermitteln können, dass Sie Ihre Aufgaben wichtig nehmen.

Auf einen Blick: Das Dilemma des Sandwichmanagers

- Der Sandwichmanager erlebt Druck von allen Seiten: Vorgesetzte erwarten Erfolge von ihm, für die Mitarbeiter ist er der Problemlöser und Motivator. Um all dem gerecht zu werden, braucht es vor allem Eigeninitiative und Selbstvertrauen.

- Führung heißt, das Verhalten anderer zu steuern und zu beeinflussen. Sandwichmanager führen und lenken in zwei Richtungen: nach oben und nach unten. Gleichzeitig werden sie von oben geführt. Dieser Spagat funktioniert nur mit vertrauensvoller Zusammenarbeit und einer guten Kommunikation.

- Erfolgreiche Sandwichmanager verfügen über Schlüsselkompetenzen: Neben ihrem Fachwissen sind dies Selbst-, Sozial- und Methodenkompetenz.

- Zuhören, beobachten, Informationen sammeln und Transparenz in alle Richtungen – wer diese einfachen Grundsätze berücksichtigt, hat es leichter, gut als neue Führungskraft zu starten.

Sich selbst führen

Erfolgreiche Führung beginnt bei der eigenen Person. Sich selbst führen bedeutet mehr, als nur Vorbild für andere zu sein: Es geht sowohl um ganz praktische Techniken des Selbstmanagements als auch um die Weiterentwicklung der eigenen Persönlichkeit.

In diesem Kapitel erfahren Sie,

- wie Sie mit Erfolg an Ihren Schwächen arbeiten und Ihre Stärken ausbauen,
- wie Sie für sich selbst individuelle, motivierende Ziele definieren,
- wie Sie sich mit gelungener Selbstorganisation mehr Erfolg und gleichzeitig weniger Stress bescheren und
- wie Sie mit Frust umgehen und durch Resilienz neue Kraft schöpfen.

Standortbestimmung: Wo stehe ich, wo will ich hin?

Je hektischer es wird, umso hilfreicher ist es, sich Zeit zu nehmen, um innezuhalten, sich aus dem operativen Geschäft herauszunehmen und seinen Standort zu bestimmen. Wo stehen Sie gerade inmitten der ganzen Anforderungen? Wie sehen Sie sich dabei selbst? Und wie sehen Sie andere? Wie läuft es im Moment in Ihrem Job? Fühlen Sie sich von Ihren Vorgesetzten anerkannt und kommen Sie mit Kollegen und Mitarbeitern gut zurecht? Solche Faktoren entscheiden darüber, ob wir jeden Morgen gerne das Haus verlassen, um ins Büro zu gehen.

Wie bewerten Sie die Ergebnisse Ihrer Arbeit? Wenn Sie etwas erreichen und einen wichtigen Beitrag leisten, ist das zusätzliche Motivation.

Ihre Arbeitsleistung ist eine Seite der Medaille, die andere ist die Arbeitsbelastung. Wie sieht Ihr Fazit in dieser Hinsicht aus? Fühlen Sie sich gefordert oder schon überlastet?

Ihr persönlicher Zufriedenheits-Check

Bei einer beruflichen Standortbestimmung ist es wichtig, einen längeren Zeitabschnitt einzubeziehen, um zu einer realistischen Bewertung zu kommen. Deshalb lassen Sie einmal die Entwicklungen in Ihrem beruflichen Umfeld während der vergangenen sechs Monate Revue passieren. Stellen Sie sich die Frage: Wie zufrieden bin ich mit meiner Arbeitssituation? Lassen Sie sich dabei nicht von Ihrer aktuellen Stimmung leiten. Versuchen Sie sich vielmehr an prägende Ereignisse des letzten halben Jahres zu erinnern. Damit Ihnen der Check etwas bringt, reichen Antworten wie z.B. „Ich bin zufrieden" oder „Ich bin unzufrieden" nicht. Nehmen Sie sich deshalb einen Moment Zeit und bewerten Sie Ihre Zufriedenheit im Sechs-Monats-Rückblick anhand folgender Kriterien mit Hilfe einer einfachen Skala:

++ sehr zufrieden, + eher zufrieden,
– eher unzufrieden, –– sehr unzufrieden

Sechs-Monats-Rückblick	++	+	–	––
Arbeitsergebnisse				
Verhältnis zum Vorgesetzten				
Verhältnis zu Mitarbeitern				
Eigene Arbeitsbelastung				
Eigene Arbeitsleistung				

Diese kurze Einschätzung liefert Ihnen Anhaltspunkte zu Ihrer derzeitigen Arbeitssituation. Haben Sie Ihre Kreuze eher im Zufrieden- oder im Unzufrieden-Bereich der Tabelle gemacht? Ziehen Sie eine ehrliche Bilanz der Dinge, die Sie positiv bewerten, und der Erlebnisse, auf die Sie mit Frust zurückschauen. Wenn die Pluszeichen überwiegen, befinden Sie sich offensichtlich in einem positiven Umfeld, in dem Sie gerne arbeiten und auch Erfolge erzielen. Minuszeichen signalisieren Frust und Veränderungsbedarf.

Veränderungswünsche identifizieren

Ein wesentlicher Teil gelungener Selbstführung ist es, Handlungsfelder für wünschenswerte Veränderungen zu identifizieren. Eigenverantwortliches Handeln beginnt mit Selbstreflexion über die Dinge, die Sie an Ihrem eigenen Verhalten verbessern können. Denken Sie dabei nicht an die Karriere oder andere große Pläne, die Sie oder Ihnen Nahestehende vielleicht für die Zukunft haben. Es geht vor allem um Sie ganz persönlich. Seien Sie einmal egoistisch und denken Sie nur an sich.

Ob Sie mit dem Ist-Zustand in Ihrem Job zufrieden oder unzufrieden sind, ist zunächst einmal eine Frage Ihres subjektiven Empfindens. Um darüber mehr herauszufinden, hilft es Ihnen, wenn Sie zum einen Ihr eigenes Verhalten beobachten und zum anderen auch in sich hineinhorchen, was Sie dabei empfunden haben.

> Ihre Entscheidungen und Ihr Handeln wirken immens nach außen und auf Ihr Umfeld ein. Die Reflexion darüber führen Sie jedoch am besten zunächst für sich selbst durch. Selbstverständlich können Sie diese Betrachtungen auch später ins Team einbringen, diskutieren und damit Lösungsenergie und Vorschläge initiieren.

Situationsanalysen

Wenn wir über unsere Veränderungswünsche nachdenken, beschäftigen wir uns automatisch eher mit negativen als mit positiven Dingen. Das ist nicht verwunderlich. Schließlich erzeugen Konflikte und unangenehme Erfahrungen Veränderungsdruck. Denken Sie an eine Situation zurück, die Sie als negativ eingestuft haben und beantworten Sie sich die Fragen „Was habe ich getan?" und „Wie habe ich mich dabei gefühlt?". Diese gezielte Selbstbeobachtung erfordert etwas Übung, weil sie unter normalen Umständen nicht bewusst geschieht. Denken Sie dabei nur an sich und daran, wie Sie sich in der Arbeitssituation verhalten haben und wie das auf Ihre innere Stimmung gewirkt hat. Auf diese Weise kommen Sie durch die Selbstbeobachtung zur bewussten Selbstwahrnehmung und können das eigene Verhalten und den Zusammenhang mit Ihren Gefühlen reflektieren und bewerten.

Beispiel:

 Sie leiten die wöchentliche Teamsitzung. Bei der Diskussion über die nächsten Projektschritte bricht zwischen Frau Simon und Herrn Tamm ein Streit aus. Plötzlich reden alle sechs Teilnehmer des Meetings durcheinander. Es kostet Sie einige Zeit und mehrere Interventionen, um wieder in einen geordneten Diskussionsstil zu finden.

Führen Sie sich solche und andere Konfliktsituationen Ihres Arbeitsalltags vor Augen. Wie agieren Sie in solchen Situationen? Wie lösen Sie sie? Versuchen Sie auch einzuschätzen, wie Sie emotional und in Ihrer Stimmung reagieren. Atmen Sie schneller, wird Ihre Stimme lauter und müssen Sie Ärger unterdrücken oder reagieren Sie gelassen? Gerade diese körperlichen Reaktionen sind ein guter Hinweis darauf, mit welchen Führungsaufgaben Sie gut zurechtkommen und welche Ihnen Schwierigkeiten bereiten.

Selbstreflexion schulen

Schulen Sie Ihre Fähigkeiten zur Selbstbeobachtung und zur Selbstreflexion, um Ihr Verhalten zu beobachten, zu analysieren und daraus Veränderungsstrategien abzuleiten. Gehen Sie dabei systematisch vor:

- Führen Sie ein persönliches Management-Tagebuch.
- Notieren Sie möglichst genau den Verlauf von schwierigen Situationen und Ihr eigenes Verhalten.
- Spielen Sie die Situation dann im Kopf noch einmal durch.
- Entwickeln Sie alternative Handlungsmöglichkeiten.

All dies hilft Ihnen z. B. dabei, mehr über Ihr Verhalten gegenüber Vorgesetzten und Mitarbeitern zu erfahren, wenn Sie in diesem Bereich Veränderungsbedarf haben.

Stärken und Schwächen kennenlernen

Sie wissen jetzt mehr über Ihre persönliche Arbeitssituation und Ihre Veränderungswünsche. Machen Sie nun den nächsten Schritt und lernen Sie Ihre eigenen Stärken und Schwächen kennen. Der wichtigste Maßstab dafür sind die Ergebnisse Ihres Managementhandelns. In welchen Aufgabenbereichen erzielen Sie gute oder sehr gute Ergebnisse? An welchen Aufgaben sind Sie schon gescheitert? Wenn Sie sich Fragen wie diese offen beantworten, erfahren Sie mehr über Ihr persönliches Kompetenzprofil.

Fragen zu unseren eigenen Stärken und Schwächen zu beantworten, fällt uns überraschend schwer. Unsere Schwächen bleiben für uns oft ein blinder Fleck, weil wir sie ignorieren, statt uns mit ihnen auseinanderzusetzen. Für schlechte Ergebnisse unserer Arbeit finden wir häufig Erklärungen, die nichts mit uns selbst zu tun haben. Das ist menschlich: Wer gibt schließlich schon gerne zu, dass er überfordert ist oder etwas schlicht nicht kann? Dass die Zeit, das Geld oder die nötige Unterstützung durch den Vorgesetzten gefehlt haben, ist in Fällen unseres Scheiterns die angenehmere Erklärung. Tappen Sie nicht in diese Bequemlichkeitsfalle. Bringen Sie den Mut auf, sich mit Ihren Schwächen zu beschäftigen. Als Lohn dafür werden Sie Möglichkeiten entdecken, Ihre Arbeit effektiver und erfolgreicher zu gestalten.

Wir vernachlässigen nicht nur unsere Schwächen, sondern schätzen auch unsere Stärken falsch ein. Weil wir die Wichtigkeit unserer Stärken für unseren Erfolg unterschätzen, verzichten wir darauf, sie weiter auszubauen. Der paradoxe Grund: Wenn uns etwas leicht fällt, erscheint uns das nicht als Folge einer Stärke, sondern ganz selbstverständlich.

Stellen Sie sich Ihren Schwächen! Nur so erhalten Sie konkrete Ansatzpunkte für die Verbesserung Ihres Führungsverhaltens. Erkennen Sie Ihre Stärken und entwickeln Sie sie weiter! Sie sind der wertvollste Treiber für erfolgreiche Führungsarbeit.

Die Feedback-Analyse schafft Klarheit

Um die Unklarheiten über eigene Stärken und Schwächen zu beseitigen, empfiehlt der Management-Guru Peter F. Drucker eine Methode, die er Feedback-Analyse nennt. Dabei handelt es sich um eine Langzeitbeobachtung der eigenen Managemententscheidungen und ihrer Folgen. Grundlage der Feedback-Analyse ist ein persönliches Protokoll: Immer wenn Sie eine wichtige Managemententscheidung treffen, notieren Sie sie und prognostizieren, welche Auswirkung sie Ihrer Meinung nach haben wird.

Meine Entscheidungen		
Was habe ich entschieden?	Prognose / Erwartung	Tatsächliches Ergebnis

Nach neun bis zwölf Monaten vergleichen Sie dann Ihre Erwartung mit den tatsächlichen Resultaten. Das ist sicherlich keine Methode, die kurzfristig hilft, mehr über sich zu erfahren. Über einen Zeitraum von zwei bis drei Jahren können Sie jedoch so ein klar konturiertes Bild Ihrer Managementfähigkeiten bekommen.

Die auf Dauer angelegte Feedback-Analyse führt Ihnen deutlich vor Augen, wie gut Ihre Prognosefähigkeit und die Qualität Ihrer eigenen Entscheidungen sind. Wenn Sie bei mehreren wichtigen Entscheidungen eine starke negative Diskrepanz zwischen Ihren Erwartungen und den tatsächlichen Ergebnissen entdecken, überprüfen Sie Ihr Entscheidungsverhalten. Warum erreichen Sie mit Ihren Entscheidungen nicht das erwartete Ziel? Mögliche wichtige Gründe sind:

- Sie berechnen den Zeit- und den Ressourcenbedarf eines Projekts falsch.

- Sie unterschätzen die Komplexität einer Aufgabe.

- Es gelingt Ihnen nicht, die Unterstützung oder die Kooperation Ihrer Mitarbeiter zu bekommen.

- Sie überschätzen Ihre eigene Leistungsfähigkeit.

- Sie sind bei der Vorhersage der Ergebnisse zu optimistisch, weil Sie immer vom bestmöglichen Resultat ausgehen.

Hinterfragen Sie Ihre Entscheidungen, um etwas über Ihre Schwächen zu lernen.

Genauso wichtig ist es, sich mit den Entscheidungen zu beschäftigen, die positive Ergebnisse gebracht haben:

- Wie sieht Ihr Entscheidungsprozess aus, wenn Sie das Resultat richtig einschätzen?

- Welche Ihrer Fähigkeiten sind es, die zum Erfolg beitragen?

- Welche Aufgaben übernehmen Sie, wenn ein Projekt positiv verläuft?

Feedback von Dritten

Eine weitere gute Möglichkeit, mehr über die eigenen Stärken und Schwächen zu erfahren, ist es, sich dazu direktes Feedback von Dritten geben zu lassen. Es ist sehr nützlich, solche Informationen zu bekommen, weil sie die Betriebsblindheit zur eigenen Person verringern. Feedback-Geber können Ihr Vorgesetzter, Ihre Mitarbeiter oder Kollegen aus anderen Abteilungen sein. Um ein solches Feedback zu bitten, ist nicht einfach, vor allem, wenn Sie sich unsicher fühlen oder in Ihrer Position noch neu sind. Suchen Sie sich einen Feedback-Geber, dem Sie vertrauen.

Wenn Sie mutig sind, lassen Sie sich jeweils von Ihren Mitarbeitern oder Projektmitarbeitern eine Rückmeldung geben. Im sog. Vorgesetztenfeedback erlangt dies immer mehr an Bedeutung. Sie können auch im Team ein Gespräch darüber eröffnen, wie die Mannschaft Sie sieht, wie Ihre persönlichen Stärken und Entwicklungspotenziale den Team-, Abteilungs-, Projekterfolg mitgeprägt oder abgeschwächt haben. Keiner setzt sich gerne dieser öffentlichen Bewertung aus. Aber etwas Besonderes kann daraus entstehen: Sie säen Offenheit und Vertrauen, und nach anfänglichem Zögern oder Skepsis werden Sie wahrscheinlich reichlich ernten.

Sie können auch auf Kunden oder Geschäftspartner zurückgreifen, die Sie und Ihre Arbeit gut kennen. Die Beratung durch einen neutralen Coach oder Mentor ist eine weitere Variante.

Impulse zur Weiterentwicklung

Nutzen Sie die Ergebnisse aus Ihrer Standortbestimmung, um Impulse für Ihre Weiterentwicklung zu gewinnen. Die Frage „Wo will ich hin?" ist nicht so sehr eine Frage nach dem nächsten Schritt auf der Karriereleiter, sondern danach, welchen nächsten Schritt Sie für Ihre persönliche Berufsperspektive machen wollen. Fragen Sie sich:

- Welche Stärken will ich ausbauen?
- Welche Schwächen will ich beheben?
- Welche Aufgaben will ich übernehmen?
- Welche Ressourcen und welche Unterstützer brauche ich dafür?

Die Antworten darauf fußen auf Ihren Grundsatzüberlegungen und schließen auch an Ihre persönliche Stärken-Schwächen-Analyse an. Um aus der Feedback-Analyse zu lernen, gibt der Management-Experte Drucker drei Empfehlungen:

1 Konzentrieren Sie sich auf Ihre Stärken.

2 Arbeiten Sie daran, diese Stärken weiter zu verbessern.

3 Bemühen Sie sich darum, Wissenslücken und Schwächen soweit auszugleichen, dass Sie in wichtigen Bereichen nicht inkompetent sind.

Jetzt haben Sie einen guten Ausgangspunkt gefunden, um Ihre Fähigkeiten zur Selbstführung zu stärken. Die Definition von persönlichen Zielen, mit denen Sie Ihre Motivation frisch halten und Ihren Entwicklungshorizont selbst bestimmen, wird Ihnen zusätzlich helfen.

Ziele setzen und sich selbst motivieren

Als Führungskraft im Zentrum der Wünsche von Vorgesetzten von oben, Bedürfnissen der Mitarbeiter von unten und den Interessen der Kollegen von der Seite befinden Sie sich oft in einer besonders komplexen Situation. Die größte Herausforderung als Sandwichmanager ist es, angesichts der Erwartungen von Vorgesetzten und Mitarbeitern die eigenen Ziele nicht aus den Augen zu verlieren. Nur wenn Sie sich selber Ziele setzen, vermeiden Sie es, in eine Haltung zu verfallen, in der Sie lediglich auf die Vorgaben anderer reagieren. Ziele sind Wegmarken. Sie sagen uns, was wir als Nächstes ansteuern sollen und haben auf diese Weise eine Orientierungsfunktion. Das klingt allgemein und abstrakt. Aber gerade in dem für Sandwichmanager so stressigen Arbeitsalltag wirken Ziele ganz konkret:

- Ziele helfen Ihnen, Wichtiges von Unwichtigem zu unterscheiden.

- Ziele unterstützen Sie dabei, langfristig zu denken.

- Ziele geben Ihnen die Möglichkeit, ganz verschiedene Aktivitäten in Ihrem Job nach einem Plan auszurichten.

- Ziele bündeln Ihre Energien auf einen oder mehrere Punkte und erleichtern Ihnen so die Motivation.

- Ziele sind ein entscheidender Maßstab, um Ihre eigene Leistung zu beurteilen.

Ziele richtig formulieren

Kurz gesagt helfen Ihnen Ziele also beim Setzen von Prioritäten und dabei, sich auf das Wesentliche zu konzentrieren. Sie motivieren und unterstützen Sie bei der Selbsteinschätzung. Ob Ziele diese Wirkungen entfalten oder nicht, hängt ganz stark davon ab, wie sie formuliert sind. Die Zielformulierung „Ich möchte mehr Sport treiben", ist in jeder Hinsicht wenig erfolgversprechend. Warum das so ist, ist leicht zu erkennen: Dieses Ziel ist viel zu allgemein. Wenn es eine Wegmarke wäre, würden Sie sich mit Sicherheit verirren, weil das Ziel in weiter Ferne liegt und der Weg dahin völlig unbestimmt bleibt.

Ein Ziel ist mehr als ein flüchtiger Gedanke an etwas, das Sie sich wünschen. Wenn Sie nur einige einfache Regeln beachten, können Sie Ihre Ziele viel aktivierender formulieren: Diese Denkschritte tragen dazu bei, dass Sie die Chance erheblich erhöhen, Ihr Ziel zu erreichen:

1   Formulieren Sie Ihre Ziele konkret und ergebnisorientiert, ohne sich in unnützen Details zu verlieren.

2   Machen Sie deutlich, warum Sie ein Ziel verfolgen. Nennen Sie den Sinn hinter Ihrem Ziel.

3   Sagen Sie etwas dazu, wie Sie das Ziel erreichen wollen. Beschreiben Sie die Ressourcen, die Sie brauchen, um Ihr Ziel zu erreichen.

4   Kalkulieren Sie absehbare Hindernisse ein und beschreiben Sie Möglichkeiten, diese aus dem Weg zu räumen.

5   Geben Sie Kriterien an, mit denen Sie überprüfen können, wie nahe Sie Ihrem Ziel schon gekommen sind.

6   Nennen Sie den Zeitpunkt, an dem Sie Ihr Ziel verwirklicht haben wollen.

Beispiel:

 Mein Ziel ist es, zweimal in der Woche 90 Minuten am Stück Rad zu fahren, um wieder mehr Bewegung zu bekommen. Ich werde am nächsten Sonnabend das Rad aus dem Keller holen und seinen Zustand überprüfen. Wenn es nötig ist, werde ich es in der darauffolgenden Woche zur Überholung in die Werkstatt bringen. Innerhalb von drei Monaten will ich so fit sein, dass ich mit dem Rad eine Tagestour von 75 Kilometern unternehmen kann.

Dieses Beispiel enthält alle Elemente, um Ihr Fitnessprogramm so konkret und motivierend wie möglich zu machen. Sie haben sich eine klar definierte, umsetzbare Aufgabe gestellt – drei Stunden in der Woche Rad fahren, gleichmäßig verteilt auf zwei Termine. Sie wissen auch, warum Sie das tun – Sie möchten fitter werden. Und Sie haben sich ein Kriterium für die einfache Überprüfung Ihres Erfolgs überlegt – die 75-Kilometer-Tour, die Sie in drei Monaten schaffen wollen. Bei solchen Kriterien, die der Erfolgskontrolle dienen, ist es besonders wichtig, dass sie ebenso eindeutig wie erreichbar sind.

Ziele definieren Schritt für Schritt

Achten Sie auch darauf, dass das Ziel ohne übertriebenen Aufwand erreichbar ist. Wie oft scheitern unsere gut gemeinten Vorhaben daran, dass die Mittel fehlen, oder daran, dass sie unrealistisch sind? Dann zucken wir nach dem Scheitern nur bedauernd mit den Achseln und beklagen die ungünstigen Umstände.

Wenn Ihre Zielbeschreibung anfängt mit den Worten „Nächsten Monat kaufe ich mir ein Rad ...", rückt die Verwirklichung Ihres hehren Ziels in ähnliche Ferne wie die Umsetzung der berühmt-berüchtigten Neujahrsvorsätze. Das Risiko zu scheitern, steigt mit dem Aufwand, den Sie am Anfang betreiben müssen. Das heißt nicht, dass es auf dem Weg zum Ziel keine Hindernisse geben darf. Entscheidend ist, dass Sie sie kennen – das Rad ist im Keller, wahrscheinlich wenig verkehrstüchtig – und auch gleich klipp und klar sagen, wie Sie diese Hürden überwinden.

Denken Sie alles durch, vermeiden Sie jedoch gleichzeitig den Fehler, zu sehr ins Detail zu gehen. So schaffen Sie sich genügend Spielräume: Wenn Sie alles von vornherein festlegen wollen, dann bauen Sie sich nur künstlich Fallstricke auf. Denn sobald ein Mosaiksteinchen des vermeintlich so schön ausgeklügelten Plans herausfällt, droht gleich der Abbruch.

Wenn Sie diesem Beispiel folgen, sind Sie auf jeden Fall fitter für den Job. Was aber natürlich noch wichtiger ist: Das Beispiel lässt sich auf konkrete Zielformulierungen für Ihren Erfolg als Führungskraft übertragen. Hier wird es Sie nicht wirklich weiterbringen, wenn Ihr Ziel lautet: „Ich möchte im Beruf erfolgreicher sein". Ein konkretes, ergebnisorientiertes Ziel, das Ihnen auch Sinn vermittelt, lautet dagegen folgendermaßen.

Beispiel:

 Meine Abteilung wird die durchschnittliche Bearbeitungszeit von Neukundenanfragen um 25 % – von 2 Tagen auf 1,5 Tage – senken. Innerhalb von 1,5 Tagen erhält jeder Neukunde ein schriftlich formuliertes Angebot, das alle Leistungsbestandteile sauber voneinander trennt und für jede Leistung einen nachvollziehbar berechneten Preis nennt. Außerdem erhält der Kunde mit dem Angebot einen Vorschlag zur genauen zeitlichen Abwicklung des Auftrags. Um die Zeitreduzierung zu erreichen, werden alle Mitarbeiter der Abteilung in einem Workshop einen neuen Workflow entwickeln. Dabei ist Thema auch ein Modul, in dem sich die Bearbeitungsschritte und die Bearbeitungszeit erfassen lassen. Das Projekt startet am Montag der 36. Kalenderwoche (KW) und ist am Freitag der 38. Kalenderwoche beendet. Der neue Ablauf wird in der KW 38 getestet und mit Beginn der KW 39 eingesetzt.

Dieses Ziel ist an einem klar definierten Ergebnis orientiert und erhöht den Beitrag Ihrer Abteilung zum Gesamterfolg des Unternehmens. Das Ziel ist also nicht nur klar quantifizierbar und damit überprüfbar, sondern Sie können es auch hervorragen gegenüber Ihrem Vorgesetzten und Ihren Mitarbeitern kommunizieren. Gleichzeitig definieren Sie bei der Zielformulierung auch die inhaltlichen Rahmenbedingungen des neuen Prozesses und durch welche Vorgehensweise er entstehen soll. Mit einem genauen Zeitplan konkretisieren Sie die Umsetzung weiter.

Gerade die Orientierung daran, wie Ihre Leistung zum Unternehmenserfolg beiträgt, ist für Sie als Sandwichmanager wichtig. Verwechseln Sie nicht persönliche Karriereziele mit Arbeitszielen. Schließlich müssen Sie nicht nur sich selbst motivieren, sondern Ihre Mitarbeiter für ein Ziel gewinnen und sich auch die Unterstützung Ihres Vorgesetzten sichern. Wenn Sie Ihre inhaltlichen Ziele klug setzen und erreichen, treiben Sie auch Ihre Karriere voran.

Sich selbst organisieren: mehr Effektivität, weniger Stress

Tagtäglich treffen wir tausende Entscheidungen. Je hektischer unser Alltag ist, desto schneller treffen wir sie. Oft bleibt dabei das wohlüberlegte Nachdenken, ob eine Entscheidung die richtige ist, auf der Strecke. Hauptsache, die Angelegenheit ist vom Tisch. Dass uns eine falsche Entscheidung jedoch anschließend viel mehr Zeit kosten kann, übersehen wir.

Oft tun wir Dinge, weil sie gerade am dringendsten sind, und machen uns dabei keine Gedanken, ob sie auch wirklich wichtig sind, ob sie uns also der Zielerreichung wirklich näher bringen.

Das Ziel der Selbstorganisation ist mehr Effektivität bei Ihrer Arbeit. Dabei ist diese kein hehres Ziel, dem Sie nur nacheifern, das Sie aber nie erreichen können. Aus der Perspektive des Unternehmens gesehen, werden Sie als Sandwichmanager für Ihre Effektivität bezahlt. Sie sind dann effektiv, wenn Sie zielorientiert oder zielgerichtet handeln.

> Verwechseln Sie Effektivität nicht mit Effizienz. Effektiv arbeitet derjenige, der etwas macht, das ihn zum gewünschten Ziel führt. Effizient handelt er, wenn er ein Ergebnis mit geringem Ressourcen-Aufwand (Zeit, Energie, Personaleinsatz) erreicht.

Effektivität ist realisierbar mit einer relativ kleinen Anzahl von Praktiken, die Sie üben können, um bessere Ergebnisse bei Ihrer Managementarbeit zu erzielen. Das Wort „üben" signalisiert auch die gute Nachricht: Effektivität können Sie lernen!

Und die zweite gute Nachricht lautet: Mehr Effektivität bedeutet weniger Stress bei der Arbeit. Die Selbstorganisation ist keine Selbstausbeutung mit anderen Mitteln – ganz im Gegenteil. Die Fähigkeit zur Selbstorganisation ist ein wichtiger Teil Ihrer Methodenkompetenz als Führungskraft. Sie ist der Hebel, mit dem Sie den Ertrag all Ihrer anderen Managementkompetenzen in erfolgreiches Führungshandeln umsetzen. Dabei sparen Sie Zeit und Nerven.

So steuern Sie sich selbst

Selbstorganisation ist eine komplexe Aufgabe, die ein Ziel hat: Ihr eigenes Verhalten zu steuern, damit Sie möglichst große Kontrolle über Ihre eigenen Arbeitsinhalte und -abläufe behalten. Wenn Sie sie als Teilaufgaben angehen und strukturiert durcharbeiten, können Sie die Herausforderung Selbstorganisation am effektivsten bewältigen.

An Ihrem Schreibtisch – und dank der mobilen Kommunikation auch unterwegs – werden Sie praktisch ununterbrochen mit Input konfrontiert. Er kann aus allem möglichen bestehen: Informationen, Terminen, Nachfragen, Anweisungen, Feedback und so weiter und so fort. Da Sie Sandwichmanager sind, haben Sie es mit besonders viel Input zu tun, weil Sie damit von oben und unten versorgt werden.

Alle diese Dinge nehmen Ihre Aufmerksamkeit in Anspruch, ob Sie wollen oder nicht. Selbst die völlig überflüssige Werbe-E-Mail, die nicht im Spamordner, sondern in Ihrem Posteingang gelandet ist, kostet Sie einen Augenblick Zeit. Das können Sie nicht ändern. Sie können aber so strukturiert vorgehen, dass Sie sich ohne großen Zeitverlust Übersicht verschaffen.

Sichtung mit dem EASE-System

Hierbei hilft das sog. EASE-System.

Erfassen	Erfassen Sie, worum es sich handelt.
Aussortieren	Sortieren Sie Unnützes und Angelegenheiten, in denen Sie nichts unternehmen können, aus.
Sofort erledigen	Erledigen Sie alles, was in zwei Minuten oder weniger erledigt ist, sofort.
Entscheiden	Entscheiden Sie, ob Sie die Angelegenheit selbst weiter bearbeiten, ob Sie sie delegieren oder ob Sie sie verschieben.

Dieses Schnellsystem der Sichtung erspart es Ihnen nicht, sich kurz mit dem zu beschäftigen, was der Organisationsexperte David Allen „anfallendes Zeugs" nennt. Aber gerade, weil Sie als Sandwichmanager von so vielen Parteien Input bekommen, ist es wichtig, sich dieser Dinge zumindest kurz zu widmen, damit nichts Wichtiges verloren geht. Sie müssen sich einen Moment Zeit nehmen, um zu verstehen, worum es bei dem „anfallenden Zeugs" geht. Wenn der Input besonders umfangreich ist, können Sie ihn auch kategorisieren, z.B. in Termine, Aufgaben, Nachfragen etc.

Unnützes gehört in den Müll

Unnützes muss Ihr Gedächtnis nicht weiter belasten und gehört schlicht in den Müll, also in den Papierkorb bzw. in dessen elektronische Variante. Wenn eine Angelegenheit nicht Sie betrifft oder Sie nichts unternehmen können, sollten Sie sofort entscheiden, ob Sie die Information dazu behalten wollen oder nicht. Müll oder Wiedervorlage ist hier also die Frage.

Es gibt eine ganze Anzahl von Dingen, die täglich auf Ihrem Schreibtisch landen oder in Ihrem Posteingang auftauchen, die Sie in kürzester Zeit erledigen können. Leider sind das auch die Dinge, die sich ganz hervorragend zum Vor-sich-Herschieben eignen. Eine Mail können Sie meist in wenigen Zeilen beantworten, eine Terminbestätigung oder -absage ist oft nicht mehr als ein Mausklick und Ihre Unterschrift unter eine Geburtstagskarte für eine Kollegin aus dem Einkauf nimmt auch nicht viel Zeit in Anspruch – trotzdem sammeln sich solche Mini-Aufgaben und sorgen für Unordnung oder geraten in Vergessenheit.

> Erledigen Sie jede Aufgabe, die Sie sichten und die Sie in weniger als zwei Minuten bewältigen können, sofort!

Haben Sie Unnützes aussortiert und ebenso Vorgänge, in denen Sie nichts unternehmen können, können Sie jetzt mit Ihrer eigentlichen Arbeit beginnen. Die Schlüsselfrage lautet hier: Wer soll was tun? Erstellen Sie dazu zunächst eine Aufgabenliste und treffen Sie dann folgende Grundsatzentscheidung: Welche Aufgaben wollen Sie davon selbst übernehmen und welche wollen Sie delegieren?

Nehmen Sie sich dann die Liste der zu delegierenden Aufgaben vor und klären Sie für sich folgende Fragen:

- Welcher meiner Mitarbeiter soll diese Aufgabe übernehmen?

- Welche Informationen, welche Unterstützung und welche Anweisungen braucht er dafür von mir?

Wenn Sie diese Fragen beantwortet haben, können Sie Ihre Mitarbeiter briefen und haben jetzt den Kopf frei für Ihre eigenen Aufgaben.

Schritt für Schritt zur erfolgreichen Aufgabenverteilung	
1	Erstellen Sie eine Aufgabenliste
2	Entscheiden Sie, welche Aufgaben Sie selbst erledigen und welche Sie delegieren.
3	Legen Sie bei den zu delegierenden Aufgaben fest: Welcher Mitarbeiter ist dafür am besten geeignet? Welche Informationen braucht er zur Aufgabenerledigung?
4	Briefen Sie den Mitarbeiter.

Prioritäten setzen: Das hat Vorrang

Bevor Sie mit Ihren eigenen Aufgaben beginnen, sollten Sie zunächst wiederum Organisatorisches erledigen: Setzen Sie Prioritäten! Priorität bedeutet erst einmal nichts anderes als Vorrangigkeit. Wenn eine Sache Priorität hat, hat sie den Vorrang vor einer zweiten. Wenn wir sagen „Das hat jetzt Priorität!", meinen wir meistens, dass diese Angelegenheit wichtiger ist als eine andere. Dabei sind wir allerdings oft ungenau. Wir sagen, dass etwas wichtiger ist, meinen aber eigentlich, dass etwas dringender ist.

Dringend oder wichtig oder beides?

Um die Frage nach Ihren Arbeitsprioritäten zu beantworten, sollten Sie daher immer zwei Gesichtspunkte beachten: die Wichtigkeit und die Dringlichkeit.

- Wichtig ist eine Sache, die aus inhaltlichen Gründen Priorität hat.

- Dringlich ist eine Sache, die hinsichtlich der zeitlichen Abfolge Priorität hat.

Bevor Sie sich über Ihre Prioritätensetzung den Kopf zerbrechen, denken Sie auch an Ihre Position. Als Sandwichmanager entscheiden Sie nicht alleine über Ihre Prioritäten. Die Prioritäten, die Ihr Chef mit seinen eigenen Entscheidungen und Erwartungen setzt, bestimmt zu einem nicht unerheblichen Teil, was für Sie Vorrang hat und was nicht.

Wenn Sie bewerten, welche Aufgabe Ihnen am wichtigsten erscheint, sollten Sie zum Maßstab nehmen, wie groß der Nutzen ist, der sich nach der Bewältigung der Aufgabe einstellt. Bei der Nutzenabwägung sollten Sie folgende Faktoren mit einkalkulieren:

- die Prioritäten des Unternehmens und insbesondere die Ihres Chefs

- den Kontext – das heißt: Worum geht es konkret und wie hängt die Aufgabe mit anderen Aufgaben und Zielen zusammen?

- Ihre verfügbaren Kräfte

- Ihre Zeitressourcen

Für den Gesichtspunkt der Dringlichkeit sind im Wesentlichen die Erwartungen Ihres Vorgesetzten, Terminfragen und die Berücksichtigung der Arbeitsabläufe Dritter von Bedeutung. Es gibt also einen logischen Zusammenhang von Wichtigkeit und Dringlichkeit und eine ganze Reihe von Einflussfaktoren. Um diese Komplexität in den Griff zu bekommen, sollten Sie eine schriftliche Aufgabenliste erstellen. Schreiben Sie zu jeder Aufgabe den Hauptgrund auf, warum sie wichtig ist, und geben Sie für die Aufgabe einen Erledigungszeitpunkt an. Notieren Sie sich, wenn nötig, ein oder zwei wichtige Details – aber nicht mehr – je Aufgabe, z.B. unerledigte Probleme oder Terminabhängigkeiten.

Um sich über wichtige / unwichtige bzw. dringende / nicht dringende Aufgaben einen besseren Überblick zu verschaffen, können Sie die Eisenhower-Methode nutzen, benannt nach dem ehemaligen amerikanischen Fünf-Sterne-General und Präsidenten der Vereinigten Staaten Dwight „Ike" Eisenhower. Mithilfe dieser einfachen Matrix klassifizieren Sie Ihre Aufgaben schnell und übersichtlich.

Die Eisenhower-Matrix

Wichtig, aber nicht dringend	Wichtig und dringend
Nicht dringend und unwichtig	Dringend, aber unwichtig

Planen hilft gegen Zeitfresser

Zeit ist eine eigenartige Ressource: Bei genauer Betrachtung ist das Zeitangebot vollkommen unelastisch. Wie stark auch immer die Nachfrage nach Zeit steigt, das Zeitangebot bleibt gleich. Wenn die Arbeitszeit knapp und die Aufgaben zahlreich sind, reagieren Unternehmen, indem sie zusätzliches Personal einstellen. Diese Möglichkeit haben Sie als Individuum nicht, um Ihr Zeitkonto aufzustocken. Sie sind nur Herr über Ihre eigene Zeit, und diese Herrschaft ist gerade für den Sandwichmanager eingeschränkt. Vielleicht versuchen Sie die Zeit auszutricksen, indem Sie einfach länger arbeiten. Das aber ist eine Methode, die sich nicht durchhalten lässt und auch keine guten Ergebnisse bringt. Weil die Zeit für jede Führungskraft immer eine knappe Ressource bleiben wird, gilt: Planen ist besser als tricksen.

Für Ihr persönliches Zeitmanagement haben Sie bereits eine gute Grundlage geschaffen, wenn Sie klare Ziele formuliert und Ihre Aufgaben priorisiert haben. Das können Sie jetzt um eine ganz konkrete Zeitplanung ergänzen. Der erste Ratschlag zum erfolgreichen Zeitmanagement lautet: Nehmen Sie sich ausreichend Zeit für die Zeitplanung.

Vielleicht fragen Sie sich, warum Sie neben Ihrer Aufgabenplanung auch eine Zeitplanung benötigen. Die Antwort darauf ist einfach: In einer guten Zeitplanung erfassen Sie *alle* Ihre geplanten Aktivitäten. Dazu gehören auch solche, die sich nicht direkt Aufgaben zuordnen lassen und natürlich auch die Mittagspause oder die Fahrtzeiten zu externen Terminen.

Stellen Sie eine detaillierte Aktivitätenliste auf und geben Sie für jede Aktivität an, wie viel Zeit sie voraussichtlich in Anspruch nehmen wird.

> Wenn Sie Probleme haben, den Zeitaufwand für Ihre Tätigkeiten und Aktivitäten einzuschätzen, führen Sie eine Woche lang ein Arbeits- und Zeitprotokoll. So haben Sie es schwarz auf weiß, wie viel Zeit Sie für welche Tätigkeiten verwenden.

Berücksichtigen Sie bei Ihrer Zeitplanung auch Aktivitäten, mit denen Sie sich nur eine kurze Zeitspanne beschäftigen. Gerade diese kleinen Zeitfenster können Ihnen helfen, effektiver zu arbeiten. Das Geheimnis effektiver Zeitnutzung ist Flexibilität. Wenn Sie versuchen Ihre Prioritätenliste stur nacheinander abzuarbeiten, werden Sie schnell in Zeitnot kommen. Eines der besten Mittel gegen Arbeitsstress ist es, Ihr Handeln mit den verfügbaren Zeitfenstern abzustimmen. Wenn die nächste Telefonkonferenz in zehn Minuten beginnt oder sich der nächste Termin um eine halbe Stunde verschiebt, ist es nicht sinnvoll, eine Arbeit zu beginnen, mit der Sie sich mindestens eine Stunde beschäftigen müssen. Nutzen Sie diese „Zeitgeschenke" für Kurzzeitarbeiten, die so häufig die ungeliebten Unterbrecher beim konzentrierten Arbeiten sind, wie z. B. Mails beantworten und kurze Rückrufe. Oder Sie nutzen die unverhoffte „stille Zeit" einfach zum Nachdenken.

Zeitmanagement ist Entlastung

Planen Sie Ihre Aktivitäten in den Zeitabschnitten, die für Ihre Arbeit am nützlichsten sind. Ob Ihnen eine Tages-, Wochen- oder Monatsplanung am meisten hilft, zeigt sich schließlich in der Praxis.

Unverzichtbar bei der Planung sind Pufferzeiten. Wenn Sie Ihren Arbeitstag von Anfang bis Ende lückenlos im Fünf-Minuten-Takt verplanen, ist Ihre Planung keine Entlastungshilfe sondern ein Stressgenerator. Planen Sie Puffer ein, um Zeitverzögerungen und Probleme abzufangen. Viele Empfehlungen zielen auf Pufferzeiten von 40 % des Arbeitstages. Das ist sicher wünschenswert, aber schwer umzusetzen. Aber kalkulieren Sie mindestens mit einem Puffer von 20 %. Anderenfalls werden Hektik und Überforderung Ihren Arbeitstag bestimmen.

Zeitmanagement dient der Selbstorganisation, erfordert aber auch Selbstdisziplin. Wie jede Form der Planung ist das Zeitmanagement nutzlos, wenn Sie es nicht detailliert und vor allem kontinuierlich betreiben. Doch Ihr Beharrungsvermögen beim Führen, Überprüfen und Aktualisieren Ihrer Listen, Zeitprotokolle und anderer Arbeitshilfen wird belohnt: mit größerer Entscheidungsfreiheit, mehr Zeit für die Arbeit, auf die Sie sich gerne konzentrieren, weniger Stress und bessere Arbeitsergebnisse.

Die fünf besten Tipps zur Selbstorganisation

1   Planen Sie schriftlich. Es bleibt nur das überschaubar, was Sie jederzeit überprüfen können.

2   Schätzen Sie Ihre eigenen Kraft- und Zeitressourcen realistisch ein.

3 Richten Sie Ihr Hauptaugenmerk auf selbstbestimmtes Arbeiten und sorgen Sie für große Zeitfenster zum konzentrierten Arbeiten.

4 Schaffen Sie sich feste Zeitfenster für Routinearbeiten (Mails, Korrespondenz etc.) und kurze informelle Besprechungen.

5 Gönnen Sie sich Pausen und Zeit zum Nachdenken.

Mit Frust umgehen, widerstandsfähig bleiben

Chefs, Kollegen, Mitarbeiter, Angehörige, jeder stellt Anforderungen und die größten manchmal wir an uns selbst. Die meisten von uns erkennen ungern an, dass ein Tag nur 24 Stunden hat. Selbst wenn es (noch) nicht um ständige Überlastung und Burn-out geht, bleibt die Frage nach dem richtigen Selbstmanagement. Wie halten Sie sich dafür widerstandsfähig? Wie (be)halten Sie

- die wirklich wichtigen Dinge im Auge?
- eine gute Balance (z. B. beruflich – privat)?
- sich selbst voller Energie?

Die gute Nachricht ist: Sie sind nicht allein. Jeder zehnte Arbeitnehmer leidet mittlerweile an Depressionen, Stress oder einem Burn-out-Syndrom. Die wirtschaftlichen Schäden durch Stress und psychische Belastungen am Arbeitsplatz beliefen sich nach Schätzungen des Fraunhofer-Instituts be-

reits 2004 auf mehr als 3 Milliarden Euro jährlich. Folge-
studien, z. B. die Studie der Bundespsychotherapeutenkammer
(BPtK) zu psychischen Belastungen in der modernen Arbeits-
welt aus dem Jahr 2010, bestätigen diese Entwicklung. Angesichts dieser Zahlen liegt auf der Hand, dass es immer
wichtiger wird, widerstandsfähiger gegen die Stressfaktoren
unserer modernen Zeit zu werden.

Gerade im Management der Mitte zieht und drückt es von
allen Seiten. Obschon in unterschiedlicher Ausprägung, stehen wir alle immer wieder unter Spannung und Druck. Dabei
ist auch Frust ein häufiger Begleiter. Frust ist das umgangs-
sprachliche Wort für den psychologischen Fachbegriff der
Frustration. Frustration entsteht, wenn uns durch äußere
oder innere Umstände die Erfüllung eines Wunsches versagt
bleibt. Die Ursache von Frust kann sowohl im Verhalten anderer als auch in unserem eigenen Verhalten liegen.

Beispiel:

 Wir sind dann frustriert, wenn wir ein Ziel nicht erreichen, weil
der Chef uns bei der Beförderung übersieht. Wir sind aber auch
frustriert, weil wir dem Chef gerne widersprechen möchten, uns
aber unsere eigene Vorsicht daran hindert.

Mit dem Frust ist es so wie mit vielen negativen Dingen:
Vorbeugung ist das beste Rezept. Entwickeln Sie deshalb ein
Gespür für Ihre persönlichen Frustsignale. Dazu können z. B.
gehören:

- plötzliche Müdigkeit und Lustlosigkeit;
- Konzentrationsprobleme und Sprunghaftigkeit, die es Ihnen schwer machen, den Überblick zu behalten;

- innere Anspannung, Unruhe, Gereiztheit und Rastlosigkeit;
- körperliche Symptome wie Kopfschmerzen, Druck in der Brust, Herzklopfen und Magenprobleme.

Wenn Ihr Geist und Ihr Körper solche Signale senden, sollten Sie sie nicht ignorieren. Es gibt verschiedene Techniken, um wieder in eine ausbalancierte Stimmung zu kommen.

Denken Sie an etwas Positives und bilden Sie positive Erwartungen: Denken Sie an Dinge, die Sie glücklich gemacht haben, oder an etwas, auf das Sie sich freuen. Lenken Sie sich ab, indem Sie sich mit anderen Aufgaben beschäftigen, oder entspannen Sie sich in einer Pause. Weitere Möglichkeiten, um den Frust schnell einzufangen, sind Aktivitäten: Belohnen Sie sich ganz bewusst, indem Sie etwas Angenehmes tun, oder sorgen Sie für körperliche Bewegung, indem Sie z.B. zügig spazieren gehen, Rad fahren oder schwimmen.

Frust: ein Bündel negativer Emotionen

Frust besteht aus einem Bündel von negativen Emotionen. Die wichtigsten sind: Wut, Angst und Trauer. Wenn Sie auf die Frage, wie es in Ihrem Job läuft, antworten „Ich bin frustriert", dann beschreiben Sie damit ganz verschiedene Gefühle:

- Sie fühlen, dass Ihr Einsatz bei der Arbeit vergeblich ist.
- Sie fühlen, dass Ihre Anstrengungen nicht die von Ihnen gewünschten Ergebnisse bringen.
- Sie fühlen, dass Ihr Einsatz und Ihre Arbeitsergebnisse von Ihrem Chef und Ihren Mitarbeitern nicht angemessen bewertet und anerkannt werden.

- Sie fühlen sich zu Unrecht kritisiert und für Dinge verantwortlich, die Sie glauben nicht ausreichend beeinflussen zu
  können.

Ihre Gefühlsäußerung „Ich bin frustriert", signalisiert also eine
Kombination aus Hilf- und Machtlosigkeit. Darüber hinaus hat
das Gefühl, nicht anerkannt zu werden, zwei Dimensionen: Es
geht dabei nicht nur um die Bewertung Ihrer Arbeit durch
andere, sondern auch um die Einschätzung Ihrer Persönlichkeit als Führungskraft.

Frust entsteht aus gefühlter Machtlosigkeit

Das Gefühl der Machtlosigkeit nagt besonders häufig an
Sandwichmanagern. Es entsteht im zentralen Spannungsfeld
zwischen Fremdbestimmung und Selbstbestimmung, das die
Arbeit in dieser Position naturgemäß definiert. Der Frust über
mangelnden Einfluss potenziert sich, wenn Sie sich in dieser
Situation abgewertet oder sogar angegriffen fühlen. Natürlich
ist es besonders schmerzhaft, für etwas kritisiert zu werden,
das Sie gar nicht oder nur unzureichend beeinflussen können – so jedenfalls Ihre Wahrnehmung im Moment der Frustration. Wenn dann noch Mitarbeiter und Vorgesetzte gleichzeitig kritisieren, spüren Sie das Dilemma Ihres Daseins als
Sandwichmanager mit voller Kraft.

Frust entsteht aus Machtlosigkeit, Machtlosigkeit entsteht
aus Fremdbestimmung und Fremdbestimmung entsteht aus
Passivität. Diese unheilvolle Kausalkette kann sich schnell zu
einem Teufelskreis schließen. Genau dagegen müssen Sie etwas

unternehmen. Frust ist ein Gefühl, das Passivität fördert, weil Ihnen die eigenen Handlungen so vergeblich und nutzlos erscheinen. Darüber hinaus machen Sie in Ihrer Frustration die Lage für sich noch unangenehmer, weil Sie Ihren Frust zu einem großen Teil gegen sich selbst richten. So entsteht ein Strudel aus negativen Gefühlen, und Sie tauschen Ihre Rolle der handelnden Führungskraft gegen die des passiven Opfers ein.

Resilienz: der Schutz vor dem Frust

Wirksame Mittel gegen den Frust sind die Erweiterung Ihres Entscheidungs- und Gestaltungsspielraums und die Stärkung Ihres Selbstwertgefühls. Selbstbestimmung und die Stärkung der eigenen Persönlichkeit sind wichtige Faktoren, um widerstandsfähig zu werden. Für diese Widerstandsfähigkeit nutzen Psychologen den Begriff der Resilienz. Resilienz stammt eigentlich aus der Werkstoffkunde: Ein Material, das besonders resilient ist, kann nach erheblicher Verformung durch Druck oder durch Zug wieder unbeschadet in seinen Ursprungszustand zurückkehren.

Mehr Widerstandsfähigkeit mit einfachen Techniken

Genau diese Resilienzfähigkeit sollten Sie anstreben, wenn Sie in Ihrem Job besonders unter Druck geraten. Lassen Sie sich nicht auf Dauer „deformieren" oder von Ihrem eingeschlagenen Weg abbringen. Wenn Sie resilient sind, fühlen Sie sich körperlich und psychisch wohl. Resilienz ist das gesunde Fundament, um Stress zu bewältigen und die eigene Vitalität und Leistungsfähigkeit zu erhalten. Sie gibt Ihnen als Führungskraft die Möglichkeit, Krisen zu begegnen und kraftvoll an Veränderungen und Lösungen mitzuarbeiten. Resilienz ist kein Zustand, sondern eine Fähigkeit, die Sie genauso trainieren können wie das Reden vor Publikum oder das Erstellen aussagekräftiger Präsentationen. Der erste Schritt dazu und in Richtung Frustbewältigung ist die Rückkehr zur Selbstreflexion. Werden Sie sich wieder über das klar, was Sie motiviert und was Sie erreichen wollen. Unterbrechen Sie den Prozess der Überforderung und des andauernden Stresses. Nehmen Sie sich Zeit zum Innehalten. Ein paar freie Tage oder auch nur ein langes Wochenende können eine erste konkrete Hilfe sein. Das gibt Ihnen die Möglichkeit, sich aus der frustrierenden Situation zu lösen und Ihren Frust zu bearbeiten.

Einige einfache Techniken der Frustbearbeitung sind:

- Akzeptieren Sie Ihre schlechte Stimmung. Ärgern Sie sich nicht über Ihren Frust.

- Lassen Sie Ihre Gefühle heraus! Drücken Sie Ihre Emotionen klar gegenüber anderen aus und stehen Sie dazu.

- Suchen Sie nach Trost und Zuwendung. Erzählen Sie jemandem, wie Sie sich fühlen und holen Sie sich Unterstützung.

Auf diese Weise schaffen Sie einen klaren Kopf, um durch Selbstreflexion wieder zurück zum aktiven Handeln zu finden. Analysieren Sie die Probleme, vor denen Sie stehen, und schätzen Sie deren Ausmaß realistisch ein. Suchen Sie nach rationalen Erklärungen für die Schwierigkeiten. Wer frustriert ist, neigt zu Selbstbezichtigungen. Vermeiden Sie solche Erklärungsmuster ebenso wie das Abschieben der Ursachen auf andere. Betrachten Sie das Problem von außen und ziehen Sie objektive Schlüsse.

Entwickeln Sie einen Plan für mögliche Problemlösungen. Führen Sie sich dabei Ihre Ziele und Ihre Stärken vor Augen. Denken Sie daran, dass Sie auch in kleinen Schritten, also mit Teillösungen, der Problembewältigung ein Stück näher kommen. Werden Sie aktiv und warten Sie nicht darauf, dass andere Verantwortung übernehmen. Sprechen Sie mit Ihrem Chef und reden Sie offen über Ihren Frust. Seien Sie auch offen gegenüber Ihren Mitarbeitern und fordern Sie sie auf, Lösungsvorschläge zu machen. Überlegen Sie sich eine Strategie zur Lösung von Konflikten sowohl mit Ihrem Chef als auch mit Ihren Mitarbeitern.

Frust	Resilienz
Selbstmitleid	Selbstreflexion
Passives Erleiden	Aktives Handeln
Machtlosigkeit	Selbstbewusstsein
Selbstbezichtigung	Konfliktfähigkeit
Opferrolle	Eigenverantwortung
Problemorientierung	Lösungsorientierung
Fremdbestimmung	Selbstbestimmung
Negativer Stress	Belastbarkeit
Unausgeglichenheit	Balance

Resilienter werden durch aktives Handeln

Das wichtigste Mittel zur Frustüberwindung ist aktives Handeln. Wenn Sie wieder gezielt agieren, werden Sie nicht lange in der Frustfalle stecken bleiben. Wenn Sie Ihre Frustphase einmal überwunden haben, sollten Sie jedoch nicht einfach zur Tagesordnung übergehen. Die Erfolgsmomente nach der Bewältigung solcher Krisen sollten Sie nutzen, um das Geschehene im Rückblick zu betrachten. Stellen Sie sich ein paar Fragen:

- Wie hat die Frustphase begonnen und wann waren Sie nicht mehr in der Lage, ihr zu entkommen?

- An welchem Punkt haben Sie begonnen, den Frust aktiv zu bearbeiten? Was war der Auslöser dafür?

- Welche Personen haben Sie bei der Frustbewältigung unterstützt? Wer war dabei eher hinderlich?

- Welche Techniken haben Ihnen bei der Frustbewältigung am meisten geholfen?

Notieren Sie sich die Antworten auf diese Fragen und bewahren Sie Ihre Notizen auf. So ein Frustjournal wird Ihnen helfen, Frustgefahren und potenzielle Frustsituationen zukünftig schneller zu entdecken. Ebenso hilft es Ihnen, die Techniken, Verhaltensweisen und Personen zu identifizieren, die Sie am besten dabei unterstützen, mit Schwierigkeiten positiv umzugehen.

Auf einen Blick: Sich selbst führen

- Ob wir gerne zur Arbeit gehen oder am liebsten kündigen würden, hängt u.a. von unserer Arbeitsleistung, der täglichen Belastung und unserem sozialen Umfeld, also den Kollegen, Mitarbeitern und Vorgesetzten ab. Eine Standortbestimmung hilft dabei, Negatives zum Positiven zu verändern.

- Sich selbst zu beurteilen ist schwer. Die eigenen Stärken und Schwächen zu erkennen ist leichter, wenn man sich ehrliches Feedback von anderen holt oder langfristig seine Entscheidungen mittels einer Feedback-Analyse überprüft.

- Als Sandwichmanager erfolgreich ist nur derjenige, der trotz der vielen Erwartungen von Vorgesetzten und Mitarbeitern die eigenen Ziele nicht aus den Augen verliert. Das gelingt nur mit einer aktiven Haltung, nicht in einer passiven Rolle.

- Sandwichmanager sind mit einer Flut an Aufgaben von oben und unten konfrontiert. Eine gute Selbstorganisation, die getragen ist von richtiger Planung, Delegation und Zeitmanagement, ist der Rettungsanker, der vor dem Ertrinken in Arbeit bewahrt.

- Sandwichmanager agieren im Spannungsfeld zwischen Fremd- und Selbstbestimmung. Das kann Frust erzeugen, den man, um handlungsfähig zu bleiben, mit einigen nützlichen, leicht anwendbaren Techniken verarbeiten kann. Resilienz hilft dabei.

Mitarbeiter führen

Ein Manager ist nur so gut wie das Team, das hinter ihm steht. Wer Erfolge für sich verbuchen will, braucht dementsprechend eine motivierte, leistungsfähige Mannschaft, die an einem Strang zieht.

In diesem Kapitel erfahren Sie u.a.,

- warum Motivation eine Frage des Typs ist,
- wie Sie Ihre Mitarbeiter dazu bringen, das Beste zu geben,
- wie Sie Konkurrenz als positiven Treiber nutzen und mit welchen Mitteln Sie Neid effektiv begegnen,
- wie Sie sich mit besserer Kommunikation mehr Freiräume schaffen können,
- warum Konflikte einfach dazugehören und wie Sie sie lösen.

Mitarbeiter richtig einschätzen und motivieren

Jeder Mensch ist anders – diese Binsenweisheit gilt auch am Arbeitsplatz. Menschen haben individuelle Stärken und Schwächen. Sie reagieren unterschiedlich auf Lob oder Kritik und sie machen ihre Arbeit aus ganz verschiedenen Gründen. Diese und andere Faktoren spielen für Sie als Führungskraft eine wichtige Rolle. Um Ihre Mitarbeiter erfolgreich führen zu können, müssen Sie sie richtig einschätzen. Nur wenn Sie die Fachkompetenzen und die Soft Skills der Mitarbeiter richtig beurteilen, können Sie sie so einsetzen, dass Ihre Abteilung produktiv arbeitet.

Gerade wenn Sie neu in Ihrer Führungsposition sind, sollten Sie sich Zeit nehmen, um Ihre Mitarbeiter kennenzulernen. Vermeiden Sie dabei zu schnelle Urteile, auch wenn dies nicht ganz leicht ist. Schließlich beurteilen wir Menschen und Ihr Verhalten instinktiv innerhalb der ersten 30 Sekunden eines Gesprächs oder eines Treffens. Der alte Leitspruch „Der erste Eindruck zählt" fasst unser Vorgehen beim Kennenlernen sehr gut zusammen. Lassen Sie sich davon nicht allzu sehr beeinflussen, denn dieser erste Eindruck kann auch täuschen. Ihre eigenen Erfahrungen, Prioritäten und Werte werden bei Beurteilungen immer einer Rolle spielen. Das ist nichts Negatives. Machen Sie sich das bloß immer wieder klar, um auch für Meinungsänderungen offen zu sein.

Bewusst beobachten ohne Vorurteile

Beobachten Sie Ihre Mitarbeiter in unterschiedlichen Kontexten – im Einzelgespräch, in Meetings oder in der Interaktion mit anderen in Arbeitspausen. Sie erhöhen die Qualität Ihrer Einschätzungen, wenn Sie folgende Gesichtspunkte beachten:

- Machen Sie sich frei von Vorurteilen, beobachten Sie bewusst und schulen Sie Ihre Wahrnehmung.
- Beobachten Sie Mitarbeiter in unterschiedlichen Situationen.
- Entwickeln Sie Kriterien für die Beurteilung.
- Überprüfen Sie Ihre Beurteilung regelmäßig.

Kriterien zur Beurteilung entwickeln

Denken Sie bei der Entwicklung von Beurteilungskriterien daran, was der eigentliche Zweck Ihrer Einschätzung ist: Sie wollen nicht nur herausfinden, in welchen Bereichen ein Mitarbeiter besonders kompetent ist und in welchen Bereichen er Defizite hat. Sie wollen darüber hinaus auch erkennen, was für ein Typ er ist. Als Führungskraft sollte es Sie besonders interessieren, wie ein Mitarbeiter tickt, was ihn antreibt und was seine Erwartungen an seine Arbeit sind.

Machen Sie die Mitarbeiterbeobachtung und die darauf basierende Mitarbeiterbeurteilung zu Ihren festen Führungsaufgaben. Nehmen Sie sich in regelmäßigen Abständen, z. B. ein- oder zweimal im Monat, die Zeit, um über Ihre Mitarbeiter bewusst nachzudenken und halten Sie Ihre Gedanken und Bewertungen auch schriftlich fest. Diese Notizen sind nur für

Sie persönlich bestimmt, können aber auch nützlich sein, um die offizielle Personalbeurteilung vorzubereiten, die Sie als Teil der Personalarbeit innerhalb Ihres Unternehmens ohnehin leisten müssen. Wenn ein Mitarbeiter eine nichtalltägliche Aufgabe übernimmt, wie z.B. eine Präsentation vor dem Team oder bei einem Kundentermin, dann notieren Sie sich Ihre Eindrücke darüber ebenfalls. So trainieren Sie Ihre Wahrnehmung. Zudem haben Sie dann weiteres Material für Ihre regelmäßigen Bewertungen.

Um sich ein umfassendes Bild über einen Mitarbeiter zu machen, beobachten Sie sein Verhalten in Bezug auf seine Fach-, Methoden- und Sozialkompetenz.

Fach- und Methodenkompetenzen

Die Fachkompetenzen lassen sich dabei leichter bewerten als die Soft Skills, weil Arbeitsergebnisse in der Regel einfacher überprüfbar sind. Wichtige Kriterien sind hier z.B. die Zielerreichung, die Termintreue und die Qualität der geleisteten Arbeit.

Ähnlich ist es bei der Methodenkompetenz: Hier geht es z.B. um die Fähigkeiten des Mitarbeiters, seinen Arbeitsprozess zu organisieren und seine Aufgaben strukturiert zu bearbeiten, um sich in die Arbeitsprozesse anderer einzufügen.

Sozialkompetenz

Nur wer über Sozialkompetenz verfügt, ist in der Lage, mit anderen gut zusammenzuarbeiten. Der folgende Fragenkatalog hilft dabei, Ihre Mitarbeiter in dieser Hinsicht besser einzuschätzen.

Fragenkatalog zur Sozialkompetenz		
Persönliches Auftreten	**Ja**	**Nein**
▪ Macht der Mitarbeiter einen selbstsicheren Eindruck?		
▪ Sind die äußere Erscheinung und die Kleidung den Aufgaben des Mitarbeiters angemessen und entsprechen sie der akzeptierten Unternehmenskultur?		
▪ Ist das Mitarbeiterverhalten authentisch, ist sein Verhalten glaubwürdig und entspricht es seinen Überzeugungen?		
Kommunikationsfähigkeit	**Ja**	**Nein**
▪ Kommuniziert er freundlich und verbindlich?		
▪ Kann er sich auf seine Gesprächspartner einstellen?		
▪ Gibt er Wissen verständlich weiter?		
▪ Ist er in der Lage, auf Meinungsverschiedenheiten konstruktiv zu reagieren?		

Eigenverantwortung	Ja	Nein
▪ Entwickelt er Ideen und macht er von sich aus Vorschläge?		
▪ Erledigt er Aufgaben selbstständig?		
▪ Bewertet er seine Arbeitsergebnisse realistisch?		
▪ Bietet er sich für neue Aufgaben an?		
▪ Zeigt er Initiative, um Arbeitsprozesse zu verbessern?		
Teamfähigkeit	**Ja**	**Nein**
▪ Erledigt der Mitarbeiter auch unangenehme Aufgaben ohne Murren?		
▪ Arbeitet er auch unter Druck zuverlässig?		
▪ Ist er bereit, andere zu unterstützen?		
▪ Ist er in der Lage, sachlich zu argumentieren und lässt er sich von Sachargumenten überzeugen?		
▪ Trägt er Konflikte fair aus und kann er Kritik konstruktiv üben und annehmen?		
▪ Ist er bereit, Mehrheitsentscheidungen mitzutragen, auch wenn sie nicht seiner Meinung entsprachen?		

Motivation ist Typsache

Mitarbeiter zu motivieren heißt, ihre Leistungsbereitschaft und ihre Leistungsfähigkeit zu fördern. Die Psychologen unterscheiden die allgemeine und die spezifische Motivation.

- Die allgemeine Motivation ist der Grundantrieb, etwas bewirken zu wollen.

- Die spezifische Motivation ist auf bestimmte Interessen und Ziele gerichtet.

Über den Grundantrieb der allgemeinen Motivation verfügt jeder Mensch – die einen mehr, die anderen weniger. Sie ist Teil der Persönlichkeit und des eigenen Selbstbildes und prägt uns als Akteur, der etwas erreichen und gestalten will. Die allgemeine Motivation ist ein inneres Potenzial und lässt sich nicht messen oder durch Dritte beeinflussen.

Wer motivieren will, muss daher Ansatzpunkte bei der spezifischen Motivation finden. Gerade deshalb ist es für Sie als Führungskraft so wichtig, mehr über die spezifische Motivation eines Mitarbeiters herauszufinden. Sie bezieht sich auf konkrete Interessenbereiche und Ziele und ist ein Bündel von individuellen Beweggründen und Bedürfnissen, die die Leistungsbereitschaft eines Mitarbeiters entscheidend bestimmen.

Motivation ist dabei keine persönliche Eigenschaft, sondern das Ergebnis eines Prozesses, den wir durchlaufen. Sie ist also nichts Statisches, sondern etwas, das ständigen Veränderungen unterworfen ist und das immer wieder erneuert werden muss.

Beispiel:

 Motivation ist keine unserer Eigenschaften wie z.B. unsere Augenfarbe. Motivation ist eher so variabel wie unser persönlicher Energielevel. Ob wir gerade besonders aktiv oder eher ausgelaugt sind, hängt von vielen Faktoren ab – von unserer emotionalen Stimmung und unserer körperlichen Tagesform. Natürlich beeinflussen uns auch unsere Erlebnisse und Handlungen: Was haben wir gestern gemacht, was erwarten wir für morgen? Auch die Interaktion mit anderen spielt eine große Rolle. Solche Einflüsse wirken auch auf unsere Motivation.

Den Prozess, in dem der Motivationsakku neu aufgeladen wird, können Führungskräfte beeinflussen.

Diese Motivationsfaktoren können Sie nutzen

Es gibt Faktoren, die sich auf diesen Motivationsprozess auswirken.

Motivationsfaktoren	
1 Positive und negative Anreize	Die positiven oder negativen Konsequenzen, die ein Mitarbeiter beim Erreichen oder Verfehlen eines Ziels erwartet
2 Selbstwirksamkeit	Die subjektive Wahrnehmung des einzelnen Mitarbeiters, inwieweit er das Geschehen im Sinne seiner eigenen Ziele beeinflussen kann

Motivationsfaktoren

3	Der Faktor Zeit	Menschen haben eine persönliche Zeitperspektive: ■ Vergangenheitsorientierte ziehen Kraft aus Erfahrungen, sind aber eher mit Erreichtem zufrieden. ■ Gegenwartsorientierte streben eher kurzfristige Ziele an. ■ Für Zukunftsorientierte haben langfristige Ziele und Belohnungen eine hohe Motivationswirkung.
4	Gefühle	Menschen bewerten Situationen immer auch emotional und lassen sich dadurch in ihren Wahrnehmungen und Handlungen beeinflussen
5	Körper und Seele	Der Gesundheitszustand und die Gemütslage beeinflussen die Motivation erheblich

Besonders die ersten beiden Faktoren können Sie als Führungskraft nutzen, um die Motivation Ihrer Mitarbeiter zu stärken. Setzen Sie attraktive Ziele und schaffen Sie positive Anreize, um Mitarbeiter zu belohnen.

Beispiel:

 Das können ganz unterschiedliche Dinge sein: finanzielle Boni, die Aussicht auf eine Beförderung oder auch mehr Handlungsspielraum und mehr Eigenverantwortung.

Mit diesen Motivatoren steht die Selbstwirksamkeit in enger Verbindung. Wenn ein Mitarbeiter den Eindruck hat, dass er keinen Einfluss auf die Arbeitsabläufe und -ergebnisse des Teams oder der Abteilung nehmen kann, wirkt das demotivierend. Er wird dann auch nicht davon ausgehen, dass er durch größeren Einsatz seine eigenen Ziele schneller erreichen kann. Hier können Sie eingreifen, um Sinn zu vermitteln und jedem Mitarbeiter deutlich zu machen, worin sein individueller Beitrag liegt.

Welche Motivationsmittel Sie für einen Mitarbeiter einsetzen, hängt davon ab, mit welchem Motivationstyp Sie es zu tun haben. Die folgende Typisierung hilft bei der Beantwortung der Frage, welche Bedürfnisse hinter der Motivation Ihrer Mitarbeiter stehen.

Die drei Motivationstypen

1   Der Leistungstyp: Mitarbeiter dieses Typs arbeiten für den Erfolg und werden durch die Aufgabe und ihren Einsatz für deren Bewältigung motiviert. Leistung an sich ist ihr zentraler Wert. Sie wollen ihre Aufgaben möglichst eigenverantwortlich wahrnehmen. Ein Feedback zu ihrer eigenen Leistung und ihrer Performance im Vergleich zu der anderer ist ihnen wichtig. Sie sollten diesen Mitarbeitern Aufgaben mit mittlerem Schwierigkeitsgrad übertragen.

Aufgaben, die nur eine geringe Herausforderung darstellen, langweilen sie. Gleichzeitig scheuen sie Aufgaben, die ein hohes Risiko zu scheitern mit sich bringen.

2   Der Machttyp: Solche Mitarbeiter ziehen Motivation daraus, dass sie Einfluss auf andere nehmen können, z. B. als Leiter eines Teams oder auch als Mentor. Zentrale Werte sind für sie Status und Prestige. Sie legen großen Wert auf Disziplin bei sich und auch bei anderen. Als mittel- oder langfristiges Ziel ist ihnen der Aufstieg in der Hierarchie wichtig. Konkurrenz und Wettbewerb motivieren sie.

3   Der Beziehungstyp: Dieser Mitarbeiter motiviert die Zusammenarbeit mit anderen und das gemeinsame Erreichen von Zielen. Zentrale Werte sind für sie Akzeptanz sowie soziale Beziehungen und Bindungen. Sie sind eher kooperationsorientiert und scheuen Konkurrenz. Hohes Risiko, Unsicherheit und grundlegende Veränderungen demotivieren sie.

Sie sind als Motivator erfolgreich, wenn Sie für jeden Motivationstyp die richtige Ansprache finden. Natürlich hat jeder Mensch eine komplexe Persönlichkeit und lässt sich nicht eindimensional in Kategorien pressen. Dennoch sind solche Typisierungen wichtige Orientierungshilfen. Machttypen finden Sie übrigens umso häufiger, je höher Sie in Managementhierarchien aufsteigen, während Beziehungstypen in den Chefetagen eher seltene Exemplare sind. Leistungsmotivierte Menschen finden sich besonders häufig unter Selbstständigen, Kreativen oder Spezialisten.

Leistung ist Wollen, Können, Dürfen

Leistungsbereitschaft ist nicht gleich Leistungsfähigkeit. Zur Motivation, dem Wollen, kommt das Können und Dürfen hinzu. Eine Führungskraft hat in allen drei Bereichen die Verantwortung, den Mitarbeitern Leistung zu ermöglichen.

- Das Können eines Mitarbeiters leitet sich besonders aus seinen Fachkompetenzen und aus seinem Methodenwissen ab. Setzen Sie Ihre Mitarbeiter so ein, dass diese ihre Kompetenzen so gut wie möglich zur Geltung bringen können. Nichts demotiviert einen Mitarbeiter so sehr wie der Glaube, dass seine Fähigkeiten nicht genutzt oder anerkannt werden.

- Das Dürfen hat vor allem mit dem individuellen Handlungsspielraum und der Eigenverantwortlichkeit zu tun. Gerade Mitarbeiter, für die die eigene Selbstwirksamkeit und die individuelle Leistung einen hohen Stellenwert haben, profitieren von Arbeitsprozessen, die ihnen Entscheidungsfreiheit lassen und in denen sie selbstbestimmt arbeiten können.

Ihre Aufgabe als Führungskraft ist es, für jeden Mitarbeiter den richtigen Motivationsmix zu finden.

Wenn Mitarbeiter ihre Ziele nicht erreichen

Es wäre schön, wenn das Arbeitsleben eine Aneinanderreihung von Erfolgen wäre. Das ist jedoch nicht die Realität – weder bei Ihnen persönlich noch bei Ihren Mitarbeitern. Vielmehr sind Situationen normal, in denen Mitarbeiter die vereinbarten Ziele nicht erreichen. Für jede Führungskraft stellt sich nach einem Misserfolg die Frage, was jetzt zu tun ist.

Beispiel:

 Klaus Wittke wurde Anfang des Jahres zum Teamleiter in der Instandhaltung eines großen mittelständischen Maschinenbauers berufen. Eines seiner ersten Projekte war die Neuplanung der Instandhaltung einer Fertigungsstraße. Das Projekt sollte den Zeiteinsatz bei der Instandhaltung um 15 % und das Instandhaltungsbudget insgesamt um 25 % senken. Diese Zielmarken wurden deutlich verfehlt. Als stellvertretender Produktionsleiter sind Sie nun dafür verantwortlich, das Projekt wieder auf den richtigen Weg zu bringen.

Wie so oft in Ihrer Position, bestimmen Sie als Sandwichmanager auch die Reaktion auf ein verfehltes Ziel höchstwahrscheinlich nicht allein. Ganz wesentlich hängt das natürlich davon ab, wie groß die negativen Auswirkungen sind.

Unabhängig davon bedarf es einer sorgfältigen Analyse, warum ein Projekt nicht die erwarteten Ergebnisse gebracht hat.

Schritt für Schritt: Problemanalyse
1	Besorgen Sie sich die notwendigen Informationen.
2	Geben Sie dem betroffenen Mitarbeiter die Möglichkeit, das Problem aus seiner Sicht zu schildern.
3	Gleichen Sie die Analyse des Mitarbeiters mit Ihrer eigenen ab.
4	Diskutieren Sie Abweichungen und ermuntern Sie den Mitarbeiter zu Lösungsvorschlägen.

Ein besonderer Schwerpunkt legt bei dieser strukturierten Analyse auf Schritt 2. Dabei geht es nicht um Schuldzuweisungen, sondern um eine sachliche Analyse und die Klärung wichtiger Fragen:

- Welche Gründe gibt der Mitarbeiter für die Verfehlung des gesetzten Zieles an, und sind diese stichhaltig?

- Übernimmt er Verantwortung?

- Identifiziert er sich noch mit den Zielen?

Wenn sich herausstellt, dass Sie und der Mitarbeiter Klaus Wittke aus unserem Beispiel die Lage unterschiedlich analysieren, machen Sie diese Unterschiede deutlich. Stellen Sie auch klar, dass Sie als Vorgesetzter letztlich die Analyse zu verantworten haben, und knüpfen Sie beim weiteren Vorgehen daran an.

Wie Feedback und Kritik helfen

Machen Sie sich bewusst, dass Sie mit Ihrem Mitarbeiter in einer solchen Situation kein Konfliktgespräch führen. Klaus Wittke aus dem Beispiel ist erst vor relativ kurzer Zeit befördert worden und hat in einem seiner ersten Projekte Probleme. Das ist kein außergewöhnlicher Fall, der drastische Maßnahmen erfordert. Auch wenn ein Mitarbeiter die ihm gesteckten Ziele nicht erreicht hat, ist ein Gespräch darüber vom Wesen her ein Feedbackgespräch: Es soll die Fehlersuche erleichtern, persönliche Lernprozesse fördern und ihm bei der Selbsteinschätzung und der Beurteilung der Situation helfen.

Das heißt nicht, dass Sie kritische Punkte unter den Teppich kehren sollen. Äußern Sie Kritik in der Sache. Bleiben Sie dabei jedoch freundlich im Ton und machen Sie sich nicht zum Ankläger. Das Ziel ist schließlich, zu möglichst gemeinsamen Lösungsvorschlägen zu kommen und Fehler und Versäumnisse in Zukunft zu vermeiden. Deshalb sollten Sie die konkreten Schritte zu den angestrebten Verbesserungen schriftlich festhalten und sich darüber hinaus mit Ihrem Mitarbeiter auf Kontrollmöglichkeiten einigen, um den weiteren Projektfortgang zu überwachen. Wenn Sie diese Aspekte beachten, haben Sie in einer schwierigen Situation, die weder für Sie noch den Mitarbeiter angenehm ist, die gesunde Basis für eine zukünftig produktivere Zusammenarbeit geschaffen.

Feedback als Führungsinstrument

Die Sozialpsychologen meinen mit Feedback die Rückmeldung auf das Verhalten anderer. Genau darum geht es auch beim Feedback als Teil der Führungskommunikation. Als Feedback-Geber informieren Sie den Feedback-Nehmer, also Ihren Mitarbeiter, darüber, wie Sie sein Verhalten wahrnehmen. Dadurch wiederum kann der Mitarbeiter seine Selbstwahrnehmung mit dem Eindruck vergleichen, den er bei Ihnen hinterlassen hat.

Feedback hat viele nützliche Führungsfunktionen: Es kann ermutigen und motivieren, die Fehlersuche erleichtern und Lernprozesse einleiten. Zudem kann es das Mitarbeiterverhalten in die von Ihnen gewünschte Richtung steuern. Feedback hält den Dialog in Gang, stellt sicher, dass man das Gesprächsziel nicht aus den Augen verliert und signalisiert Mitarbeitern, dass man ihnen zuhört und an ihren Äußerungen interessiert ist.

> Gutes Feedback ist eher beschreibend als bewertend. Es ist am nützlichsten, wenn es konkret statt allgemein ist, und es zeigt die beste Wirkung beim anderen, wenn Sie es einladend statt zurechtweisend formulieren.

Aktives Zuhören

Sehr hilfreich in solchen Gesprächen ist auch die Technik des aktiven Zuhörens. Aktives Zuhören ist der erste Schritt zu einer guten Verständigung.

Wie aktives Zuhören funktioniert

1	Schauen Sie hin und hören Sie zu.	Schenken Sie Ihrem Mitarbeiter Ihre uneingeschränkte Aufmerksamkeit. Wenden Sie sich ihm zu und schauen Sie ihn direkt an.
2	Quittieren Sie die Äußerungen des anderen.	Bestärken Sie Ihren Mitarbeiter darin weiter zu sprechen. Nutzen Sie hierzu Äußerungen wie „Aha", „Mhm ..." und aufmunternde Gesten wie Kopfnicken usw. Achten Sie auf eine positive Körpersprache.
3	Fragen Sie nach.	Fragen Sie nach, wenn Sie etwas nicht verstanden haben. Vergewissern Sie sich, ob Sie das Gesagte richtig verstanden haben: „Können Sie mehr darüber erzählen?", „Was verstehen Sie unter ‚wesentlich'?"
4	Fassen Sie zusammen, was Sie verstanden haben.	Haben Sie das, was Ihr Gesprächspartner meinte, richtig verstanden? Sie können das herausfinden, indem Sie seine Aussagen so zusammenfassen, wie Sie sie verstanden haben.
5	Ansprechen, was zwischen den Zeilen steht.	Sie können das formulieren, was Ihr Gesprächspartner noch gar nicht ausdrücklich gesagt hat, z. B. das, was zwischen den Zeilen steht, und natürlich Gefühle, die Sie meinen wahrzunehmen.

Führung von Low Performern

Wenn ein Mitarbeiter in einem bestimmten Projekt Probleme oder in ganz spezifischen Bereichen Kompetenzdefizite hat, lässt sich leicht mit einer Schulung Abhilfe schaffen. Aber was tun Sie als Führungskraft, wenn ein Mitarbeiter bei seiner Arbeit ständig überfordert, demotiviert oder inkompetent ist? Als Konsequenz davon bleiben Aufgaben unerledigt, es entstehen Fehler, die weitere nach sich ziehen und von anderen ausgebügelt werden müssen. So etwas können und dürfen Sie nicht zulassen, nicht nur, weil es Ihre eigene Führungskompetenz infrage stellt, sondern auch, weil es unfair gegenüber anderen im Team oder der Abteilung ist. Ein Mitarbeiter, der seine Leistung über längere Zeit nicht erbringen kann, wird für jedes Team zur Belastung.

Es ist eine Ihrer wichtigsten Aufgaben als Führungskraft, Low Performer, zu Deutsch Minderleister, (wieder) zu einer professionellen Arbeitseinstellung und besseren Leistungen zu motivieren. Auch hier ist anfangs wieder eine Problemanalyse gefragt, die den Mitarbeiter einbezieht und seine Probleme ernst nimmt. Führen Sie dazu ein ausführliches Gespräch mit ihm.

- Wie schätzt der Mitarbeiter seine eigene Arbeitsleistung ein?

- Falls er eine Leistungsschwäche einräumt – wie lautet seine Erklärung dafür?

- Erkundigen Sie sich nach seiner persönlichen Situation.

- Macht er eigene Vorschläge, um sein Verhalten zu ändern?

- Ist er kooperativ oder bittet er sogar um Hilfe?

- Stimmt er unterstützenden Maßnahmen und Kontrollen zu?

- Ist eine Verbesserung seines Verhaltens zu erkennen?

Selten sind die Gründe für eine dauerhaft schlechte Arbeitsleistung offensichtlich. Der Mitarbeiter, der neu in die Abteilung kommt und schlicht für seine Arbeit ungeeignet oder einfach faul ist, ist eine Ausnahme. Zu leistungsschwachen Phasen kann es auch bei Mitarbeitern kommen, die zuvor gute Arbeit geleistet haben. Solche Fälle sind einerseits schwierig, weil dann beide Seiten mit einer Situation konfrontiert sind, die ungewohnt für sie ist. Andererseits haben Sie als Vorgesetzter in solchen Fällen auch einen guten Anknüpfungspunkt für ein Gespräch. Sie kennen den Mitarbeiter und wissen, dass er grundsätzlich kompetent und leistungsbereit ist.

Beispiel:

Herr Loges arbeitet ist schon seit sechs Jahren in der IT der Einkaufsabteilung. Sein Chef, Herr Busse, schätzt ihn als ruhigen, gut organisierten Mitarbeiter. In den vergangenen sechs Monaten sind ihm jedoch während einer Softwareumstellung mehrere Fehler passiert. Das Projekt musste unterbrochen werden. Und erst in der vergangenen Woche ist es zu Verzögerungen gekommen, weil Herr Loges versäumt hatte, rechtzeitig Softwarelizenzen zu verlängern. Herr Busse bittet Herrn Loges zu einem Gespräch. Gleich zu Beginn ist die Unsicherheit des Mitarbeiters offensichtlich: „Es geht bestimmt um die Softwareumstellung. Die ist ja nicht so gelaufen." Herr Busse bittet ihn, das genauer zu erklären. Erst nennt Herr Loges Zeitprobleme und Überlastung als Gründe. Sein Chef verweist auf die Unterbrechung und die zusätzliche Zeit, die dadurch zur Verfügung stand. Im weiteren Verlauf gibt Herr Loges zu, dass er mit einem Teil der Programmierung für die Umstellung nicht zurechtkommt. Die beiden einigen sich auf Folgendes: Zur kurzfristigen Problemlösung wird ein Programmierer aus der Zentrale hinzugezogen. Sobald das Projekt beendet ist, wird Herr Loges eine Fortbildung machen.

Soll- und Ist-Leistung dokumentieren

Wenn sich die Leistung eines Mitarbeiters auch nach einem ausführlichen Gespräch und durch Kontrollen sowie Veränderungsvorschläge nicht verbessert, sollten Sie darüber hinaus einige praktische Maßnahmen einleiten. Die wichtigste ist eine umfassende Dokumentation der Mitarbeiterleistungen, Ihrer Gespräche mit dem Mitarbeiter und Ihren Anweisungen an ihn und deren Auswirkungen. Diese Dokumentation sollte im Wesentlichen Ihre Beobachtung des Mitarbeiterverhaltens protokollieren. Verzichten Sie dabei so weit wie möglich auf eine subjektive Bewertung und stellen Sie lediglich dar, was passiert ist.

Beispiel:

Schreiben Sie also nicht: „Herr Meier arbeitet unzuverlässig und inkompetent", sondern schreiben Sie: „Herr Meier erschien an folgenden Daten XY nicht zu Teammeetings. Seine Arbeit wies die Fehler XY auf, die von den Kunden A und B reklamiert wurden und von den Kollegen Frau Schmidt und Herrn Müller mit einem Aufwand von XY Stunden korrigiert werden mussten".

Protokollieren Sie besonders aufmerksam Situationen mit Datum und Anlass, in denen der betreffende Mitarbeiter Anweisungen nicht befolgt hat. Solche Maßnahmen sollten, wenn möglich, auch in enger Abstimmung mit der Personalabteilung stattfinden. Wenn Gespräche und darin getroffene

Vereinbarungen, Verhaltensweisen zu ändern, Anreize und häufigere Kontrollen keine positiven Resultate bringen, dann können Sie nur noch arbeitsrechtliche Maßnahmen androhen und in der Konsequenz auch anwenden. Diese beginnen bei einer Abmahnung und enden bei der Kündigung.

Wichtige Punkte und Gesprächsinhalte, wie z.B. Zielvereinbarungen, Leistungsprobleme, Kündigungsandrohungen, Abmahnungen, sollten stets auch schriftlich festgehalten und je nach Bedeutung gar in die Personalakte aufgenommen werden. Beachten Sie dabei jedoch, dass Sie mit vertraulichen Informationen sorgsam umgehen, um das Vertrauen Ihres Mitarbeiters nicht zu verlieren.

Ziel verfehlt, die Arbeit geht weiter

Jedes verfehlte Ziel ist für den Mitarbeiter eine Enttäuschung. Zu Ihren Aufgaben als Führungskraft gehört es auch, diese Enttäuschung aufzufangen und den Mitarbeiter bei einem konstruktiven Umgang mit seinen Schwierigkeiten zu unterstützen. Sie können diese Gelegenheit zu konstruktiver Kritik nutzen und gleichzeitig gemeinsam mit ihm Vorschläge zur Lösung dieser Probleme entwickeln.

Werten Sie die Prozess- und Ergebnisqualität nach Abschluss der Aufgabe zusammen mit Ihren Mitarbeitern aus. Würdigen Sie dabei unbedingt die positiven Aspekte. Sprechen Sie jedoch auch Fehler und Defizite offen und unmissverständlich an und überlegen Sie gemeinsam mit Ihren Mitarbeitern, welche Konsequenzen sich daraus für die Zukunft ableiten lassen. Klären Sie, welche Unterstützung Sie dabei geben können und/oder welche Qualifizierungsmaßnahmen Sie anbieten können.

Wenn der Mitarbeiter nicht so will wie Sie

Mit dem Mitarbeiter klappt es nicht so, wie Sie es sich vorstellen. Sie erwarten ein anderes Verhalten von ihm und haben auch schon einiges probiert, damit er nach Ihren Vorstellungen arbeitet. Bisher hat nichts geholfen und Sie wissen nicht, woran das liegt. Ein hilfreicher Ansatz für solche Situationen kann hier die sog. Mitarbeiter-Analyse sein. Sie werden auch hier Ihre Einschätzung nach wie vor sehr subjektiv treffen. Was diese Technik jedoch ermöglicht, ist, dass Sie in Ihrer Diagnose treffgenauer werden und damit auch die „Behandlung" zielsicherer durchführen können. Überprüfen Sie dazu Ihr spontanes Gefühl zum Mitarbeiter und kombinieren Sie es mit genauen Beobachtungen, schriftlicher Dokumentation im Alltag und einem Gespräch mit ihm.

Im Prinzip kombinieren Sie also Ihre Methoden zur Mitarbeitereinschätzung, zur Problemanalyse und zum Umgang mit Low Performern, um Ihre Handlungsoptionen systematisch zu hinterfragen. Auf diese Weise können Sie die Gründe für die Verweigerungshaltung des Mitarbeiters mit den Ursachen und den Lösungsmöglichkeiten verbinden.

Mitarbeiteranalyse		
Problem/ Symptom	Ursachenebene	Mögliche Maßnahme
Will nicht	Einstellung	Motivation
Kann nicht	Qualifikation	Weiterbildung, Schulung, Mentoring, Coaching
Weiß nicht	Information	Kommunikation, Info
Darf nicht	Kompetenz (innerlich/äußerlich)	Innere Erlaubnis, Änderung der äußeren Rahmenbedingungen
Muss nicht	Stellenbeschreibung	Neudefinition
Nicht geeignet	Summe	Neubesetzung

Wenn jemand nicht will, macht es keinen Sinn, ihm Weiterbildungsmaßnahmen angedeihen zu lassen. Einen Mitarbeiter, dem schlicht die notwendigen Kenntnisse fehlen, braucht man nicht mit viel Energie grundsätzlich für das Vorhaben zu gewinnen suchen.

Teammitglieder bekommen manchmal widerstreitende Anweisungen seitens des Linienvorgesetzten und des Projektleiters; dann kann schnell eine „Darf nicht"-Situation eintreten. Sie sehen: Es geht darum, den richtigen Hebelpunkt zu finden, der manchmal nicht so ohne weiteres auf der Hand liegt.

Sie selbst als Ihr bester Sachbearbeiter?

Zwar sollten Sie ab und zu zur Stärkung des Teamgedankens ebenfalls Sachaufgaben übernehmen. Das ist aber nur in sehr begrenztem Umfang sinnvoll. Bedenken Sie, dass Sie in Ihrer Funktion als Führungskraft immer die Verantwortung für die Kontrolle des Arbeitsergebnisses innehaben. Sie sind der Steuermann und fungieren während der Projektlaufzeit als Entscheidungsträger, Kontrolleur, Unterstützer und Schiedsrichter und sind letztendlich Ihrem Auftraggeber – also Ihrem Vorgesetzten – Rechenschaft schuldig und verantwortlich für den Erfolg oder Misserfolg des Projekts.

Wenn Sie Ihr bester Sachbearbeiter sind, haben Sie für diese wichtigen Aufgaben keine Zeit mehr. In Ihrer Funktion als Führungskraft können Sie nicht alle von Ihrem Vorgesetzten erhaltenen Aufträge eigenständig abarbeiten. Sie werden sie zumindest teilweise an Ihre Mitarbeiter weitergeben müssen. Diese werden es Ihnen danken, da sie dadurch ihr Fachwissen eigenverantwortlich einbringen können und an der Weiterentwicklung von Projekten und somit des Unternehmens aktiv mitarbeiten können.

Führen Sie sich vor Augen, welche Vorteile die Auftragsweitergabe für Sie selbst hat: mehr freie Zeit für andere wichtige Tätigkeiten, Anerkennung durch Ihre Mitarbeiter, eine höhere Gesamtproduktivität und damit letztlich Gewinn für das Unternehmen.

Schützen Sie sich also vor der Versuchung, sich als „heimlicher Sachbearbeiter" im Mikromanagement von Teams zu verzetteln. Machen Sie sich klar, dass Sie durch das intelligente Delegieren von Aufgaben keineswegs die Kontrolle abgeben. Im Gegenteil, Sie schaffen sich so die Freiräume, um Ihr Team zum Erfolg zu führen. Wenn Sie ein paar einfache Regeln zum effektiven Delegieren beherzigen, werden Sie nicht nur Ihre eigene Arbeitsbelastung verringern, sondern die Qualität der Teamarbeit sogar noch verbessern.

So delegieren Sie mit Erfolg

Finden Sie die Person mit dem passenden Kompetenzprofil zur Erledigung der Aufgabe.

- Erklären Sie, welche Aufgabe zu bewältigen ist und wie das genaue Ziel lautet.
- Erläutern Sie den Sinn der Aufgabe im Kontext des Gesamtprojekts.
- Klären Sie mit dem ausgewählten Mitarbeiter gemeinsam, über welche Kompetenzen und Ressourcen er verfügt.
- Legen Sie genau fest, bis wann das Ziel erreicht sein soll. Definieren Sie bei komplexeren Aufgaben Meilensteine, also Teilziele mit eigenen Deadlines.
- Definieren Sie grundsätzliche Richtlinien, wie die Aufgabe bewältigt werden soll. Gehen Sie dabei nicht ins Detail, sondern geben Sie Ihrem Mitarbeiter Entscheidungsspielraum.

Mit Konkurrenz und Neid umgehen

Konkurrenz belebt das Geschäft. Das gilt für den Wettbewerb zwischen Unternehmen, aber auch für Veränderungen und die Weiterentwicklung innerhalb von Unternehmen. Wenn Sie neu in eine Führungsposition kommen, bedeutet das in der Regel, dass Sie sich gegen Konkurrenten durchgesetzt haben. Ob das im Rahmen einer internen oder externen Stellenausschreibung geschehen ist oder ob Vorgesetzte die Wahl direkt getroffen haben – für fast jeden Posten gibt es mehrere Kandidaten, die in Frage kommen.

Konkurrenz ist also an sich nichts Schlimmes. Konkurrenzdenken kann ein positiver Treiber sein, wenn der Wettbewerb offen, sachlich und konstruktiv ausgetragen wird. Es kann jedoch zur Belastung werden, wenn es aus einer negativen Grundhaltung heraus stattfindet und auch die persönliche Ebene einbezieht. Dann wird aus Wettbewerb Rivalität und das Grundmotiv ist eher Neid als der Wunsch, sich zu messen und mit einer besseren Leistung zu überzeugen.

Enttäuschte Konkurrenten

Sie können sich noch so sehr bemühen, als Führungskraft eine gute Figur zu machen: Wenn Ihre Mitarbeiter Ihnen den Erfolg nicht gönnen, wird es sehr schwer. Neid und übertriebenes Konkurrenzdenken speisen sich aus negativen Emotionen, die eine ebenso negative Stimmung erzeugen und das Klima einer Abteilung vergiften können.

Beispiel:

Ihre Freude über die Beförderung ist noch ganz frisch, als Sie über den Flurfunk Kommentare Ihres ehemaligen Teamkollegen und künftigen Mitarbeiters Jochen Beckmann erreichen, der sich auch um die Leitungsposition beworben hatte. „Beckmann hat angeblich zu Frau Stauder gesagt, du hättest den Posten schon sicher gehabt und die Auswahlgespräche waren nur Theater. Er kann es sich nicht vorstellen unter dir zu arbeiten", berichtet Ihnen ein Mitarbeiter.

Was sollen Sie in einer solchen Situation tun? Einfach die Gerüchte ignorieren, weil es nur Gerüchte sind, oder handeln? Handeln ist mit Sicherheit die bessere Alternative. Wenn Sie aktiv werden, haben Sie die Möglichkeit, die Situation zu kontrollieren und in Ihrem Sinne zu gestalten. Wenn Sie passiv bleiben, besteht die Gefahr, dass sich die Gerüchte verselbstständigen und zu einer negativen Grundstimmung führen, die nicht nur Ihnen, sondern auch anderen viel Energie raubt.

Destruktives Konkurrenzverhalten und besonders Neid sind Gefühle, die sich auf einer persönlichen Ebene abspielen. Sie können das Problem also nur bearbeiten, wenn Sie sich auch mit der Person des Stimmungsmachers auseinandersetzen. Suchen Sie also das Gespräch mit ihm. Stellen Sie sicher, dass die Unterhaltung möglichst schnell stattfindet und dass es sich dabei um ein Vier-Augen-Gespräch handelt. Bereiten Sie sich auf das Gespräch gut vor: Es ist ein wichtiges Führungsgespräch.

Wichtig dafür sind fünf Regeln:

1   Seien Sie und bleiben Sie professionell freundlich und sachlich.

2   Machen Sie nicht die Gerüchte zum Gesprächsthema, sondern sprechen Sie über Sachthemen.

3   Geben Sie dem anderen genug Raum für eigene Beiträge.

4   Behandeln Sie Ihr Gegenüber wie einen Gesprächspartner, nicht wie einen Gegner.

5   Geben Sie dem anderen die Möglichkeit nachzudenken und Zeit, seine Sicht der Dinge zu schildern. Legen Sie ihm keine Antworten durch Suggestivfragen in den Mund und setzen Sie ihn nicht unter Druck.

Beispiel:

In unserem konkreten Beispiel heißt das: Laden Sie Herrn Beckmann zu einem persönlichen Gespräch ein. Kündigen Sie schon bei Ihrer Einladung an, dass Sie über die Situation sprechen möchten, die durch Ihre Beförderung entstanden ist. Gehen Sie schon bei der Gesprächseröffnung darauf ein, dass Sie wissen, dass auch für Herrn Beckmann die Situation nicht einfach ist und dass Sie sich auf die Zusammenarbeit freuen. So äußern Sie einerseits Verständnis für Ihren Gesprächspartner und senden darüber hinaus ein positives Signal für die Zukunft. Fragen Sie Herrn Beckmann dann ganz offen nach seiner Meinung zur neuen Lage.

Gerüchte sind kein Thema für Führungsgespräche

Erwähnen Sie in Gesprächen mit Ihren Mitarbeitern unter keinen Umständen die Gerüchte, die Ihnen zu Ohren gekommen sind. Gerüchte sind ein Tabuthema in Führungsgesprächen. Gerüchte zu thematisieren, heißt nur schlechte Stimmung weiterzugeben. Über Gerüchte kann man nicht streiten.

Beispiel:

 Herr Beckmann aus dem Beispiel oben könnte jederzeit und mit gutem Recht Gerüchte einfach zurückweisen, ohne dass es ein Gegenargument gäbe.

Gerade wenn es um das Thema Neid und andere persönliche Animositäten geht, können Sie sich nur auf Äußerungen oder Situationen beziehen, die Sie selbst gehört oder gesehen haben oder die andere in einem Sechs-Augen-Gespräch bestätigen würden. Das ist bei Gerüchten nicht der Fall.

Der weitere Verlauf des Gesprächs hängt natürlich von der Reaktion Ihres Gegenübers ab. Wenn Ihr Gesprächspartner das, was Sie nur als Gerücht gehört haben, in ähnlicher Form wiederholt, können Sie diesen Konflikt mit ihm austragen. Es ist jedoch unwahrscheinlich, dass jemand in einem solchen Gespräch die Konfrontation sucht. Durch Ihr offenes Gesprächsangebot haben Sie die Möglichkeit für eine Entschärfung der Situation geschaffen. Geben Sie dem anderen zu verstehen, dass Sie seine Kooperation und seinen Arbeit wertschätzen. Wenn darauf positive Reaktionen kommen, bedanken Sie sich ausdrücklich.

Ob Ihr klärendes Gespräch Wirkung zeigt, können Sie nur am Verhalten Ihres Mitarbeiters erkennen. Wenn die Gerüchte weiterhin die Runde machen und Sie der Meinung sind, dass das Neidproblem fortbesteht, wird sich das mit großer Wahrscheinlichkeit auch am Arbeitsverhalten des Mitarbeiters zeigen. Sprechen Sie dann unter vier Augen das Problem Neid und Defizite bei der Arbeitsleistung direkt an. Entsteht ein Dauerproblem, sollten Sie sich nicht davor scheuen, Ihren Vorgesetzten bei der Lösung um Hilfe zu bitten.

Wenn Mitarbeiter sich gegenseitig übertrumpfen

Es ist eine andere Situation, wenn nicht Sie selbst das Objekt des Neids und der Konkurrenz sind, sondern das Problem unter Ihren Mitarbeitern entsteht. Bis zu einem gewissen Grad sollten Sie sich Konkurrenzdenken bei Ihren Mitarbeitern wünschen, weil es auch ein Leistungsmotiv ist. Sie sollten jedoch dann einschreiten, wenn Konkurrenz dazu führt, dass Mitarbeiter den eigenen Erfolg über den Teamerfolg stellen.

Als Mittel gegen negative Teamdynamik sollten Sie mit den Mitarbeitern in der Gruppe Regeln der Zusammenarbeit diskutieren und ausformulieren, auf die sich dann jeder einzelne und natürlich auch Sie selbst verpflichtet. Wenn es in Ihrem Team Mitglieder gibt, die untereinander trotz allem ihr Konkurrenzverhältnis pflegen und den gemeinsamen Erfolg gefährden, hilft Ihnen ein Vorgehen in drei Stufen.

In drei Schritten zum besseren Miteinander

 1 Führen Sie Vier-Augen-Gespräche mit den Kontrahenten.

 2 Führen Sie ein gemeinsames Gespräch mit allen an der Auseinandersetzung Beteiligten. Machen Sie dabei deutlich, mit welchen Maßnahmen Sie reagieren werden, wenn die Probleme weiter auftreten.

3 Sollten Sie keine Lösung finden, müssen Sie über drastischere Maßnahmen, wie eine Versetzung oder eine andere Aufgabenverteilung, nachdenken.

Es gibt wichtige Regeln, deren Einhaltung bei der Bearbeitung solcher persönlichen Probleme innerhalb der Abteilung besonders wichtig ist:

- Nehmen Sie Ihre Vorbildfunktion als Führungskraft wahr und geben Sie ganz bewusst ein positives Beispiel.

- Vermitteln Sie Ihren Mitarbeitern das Gefühl der Fairness. Lassen Sie sie das Problem gleichberechtigt schildern.

- Unterstreichen Sie, dass es bei der Lösung von Problemen um inhaltliche Themen und eine konstruktive Zusammenarbeit geht.

Vom Sprachrohr zum Übersetzer: bewusst kommunizieren

In der Sandwichposition zwischen Ihrem Chef und Ihren Mitarbeitern ist Ihre Kommunikationsfähigkeit besonders wichtig. Sie sind Sender und Empfänger gleichermaßen und die Nachrichten kommen aus zwei Richtungen. In dieser Konstellation sind Sie als Führungskraft kein bloßer Bote und ein Überbringer guter oder schlechter Nachrichten. Ihr eigener Anspruch als Führungskraft ist es, Verhalten zu steuern und zu beeinflussen. Wenn Sie Ihre Rolle als Kommunikator aktiv und strategisch gestalten, schaffen Sie die Voraussetzungen dafür, um Ihrem eigenen Anspruch gerecht zu werden.

Kommunizieren heißt gestalten

Kommunikation ist das wesentliche Arbeitsmittel für jede Tätigkeit als Manager. Das Herzstück des Managements ist das Entscheiden. Aber jede Entscheidung muss verständlich kommuniziert werden, sonst läuft sie ins Leere oder führt aufgrund von Missverständnissen in die falsche Richtung. Wenn Sie Entscheidungen von oben nach unten weitergeben, erwartet Ihr Chef von Ihnen, dass Sie mehr tun, als bloß zu verkünden, was beim letzten Meeting des oberen Führungskreises oder beim letzten Bereichsleitertreffen beschlossen wurde. Wenn Sie nur wie eine Art Dorfschulze von Büro zu Büro laufen müssten, um Neuigkeiten zu verkünden, würde ein Anschlag am Schwarzen Brett oder die Rundmail an alle auch reichen. Was von Ihnen erwartet wird, ist Führungskommunikation.

Ziele erklären, Sinn stiften, Identifikation vorleben

In der Sandwichposition ist Ihre wichtigste Kommunikationsaufgabe die eines Übersetzers. Sie übersetzen das Managementhandeln übergeordneter Hierarchiestufen in klare und verständliche Mitarbeitersprache und erfüllen damit drei ganz grundlegende Funktionen:

1 Ziele erklären: Sie erklären den Zielhorizont, der hinter den Entscheidungen steht, so dass deren Auswirkungen auf Ihre Mitarbeiter deutlich werden.

2 Sinn stiften: Sie machen den Beitrag deutlich, den Ihre Abteilung zur Erreichung dieser Ziele leistet und sorgen so für mehr Motivation.

3 Identifikation vorleben: Sie leben glaubhaft die Identifikation mit dem Unternehmen vor und stärken so die Unternehmenskultur.

Das ist eine große Herausforderung, denn oft sind die Entscheidungen von oben nicht allzu leicht ins Verständliche zu übersetzen, so z.B. dann, wenn sie eine langfristige Strategie verfolgen und daher höchst komplex sind. Aber auch kleinere Managementvorhaben, wie z.B. personelle Veränderungen, Investitionsvorhaben oder neue Entlohnungs- und Arbeitszeitmodelle, haben es in sich. Spätestens beim letzten Thema wirken sich Managemententscheidungen von „ganz oben" auf den Arbeitsalltag jedes Mitarbeiters aus. Gerade die Themen Entlohnung und Arbeitszeit sorgen in vielen Betrieben für heftige Auseinandersetzungen. Ihr Ziel ist es, für Flexibilität

und damit für mehr Produktivität zu sorgen. Dabei geht es
z. B. um Jahresarbeitszeit- oder sogar Lebensarbeitszeitmo-
delle. Einer findet, das hat Vorteile, ein anderer sieht nur die
Nachteile. Wie auch immer, das Thema ist komplex. Komplexität heißt ganz automatisch: Es wird für Sie anspruchsvoll,
das Thema verständlich an Ihre Mitarbeiter zu vermitteln. Und
mal angenommen, dass Ihnen persönlich das neue Arbeits-
zeitmodell auch nicht gerade gut gefällt, dann wird von Ihnen
als Führungskraft trotzdem Dreierlei in puncto Führungskommunikation erwartet:

1   Sie sollen alles verständlich erklären.

2   Sie sollen motivieren.

3   Sie sollen Loyalität zeigen.

Die erste Leistung ist eher eine, die von Ihrer Auffassungsgabe
und Ihren didaktischen Fähigkeiten abhängt, bei den Punkten
2 und 3 geht es dagegen um eine Frage der Haltung. Als
Führungskraft müssen Sie gerade in der Kommunikation von
oben nach unten oft Inhalte überzeugend vertreten, von
denen Sie selbst nicht vollkommen überzeugt sind. Denn wie
sonst können Sie von Ihren Mitarbeitern motivierte Arbeit
verlangen? Darüber hinaus erwartet Ihr Chef von Ihnen Loyalität. Warum sollte er sonst weiter auf Sie als Führungskraft
setzen?

Das heißt nicht, dass Sie sich aufgrund Ihrer Mittlerposition verleugnen müssen oder sollen. Wenn es Konflikte und
Probleme gibt, müssen Sie diese auch deutlich machen. Denn
es hilft Ihnen wenig, wenn Sie von Ihrem Vorgesetzten die

besten Haltungsnoten in Sachen Loyalität bekommen, und gleichzeitig von Ihren Mitarbeitern als Sprachrohr für Unternehmensbotschaften und als Papagei des Chefs verlacht werden.

Testfall: Kommunikation im Change

Die Erhöhung der Drehzahl an Veränderungen in unserer globalisierten Welt, in der Fusionen und Umstrukturierungen immer häufiger werden, bereitet einen fruchtbaren Nährboden für das Florieren von Ängsten und Gerüchten aller Art. Gerade bei Umstrukturierungen und komplizierten Change Projekten müssen Sie die Balance finden zwischen motivierender Ansprache einerseits und einer Kommunikation, von der sich auch Ihre Mitarbeiter ernstgenommen fühlen.

Beispiel:

Bei einem großen Automobilzulieferer ist geplant, zwei Logistikstandorte zusammenzulegen. Dabei werden zwar keine Mitarbeiter abgebaut, aber es wird ein neues Schichtsystem eingeführt. Zudem werden zentrale Arbeitsprozesse umgestellt. Es knirscht an allen Ecken und die Zusammenarbeit mit einer externen Unternehmensberatung funktioniert mehr schlecht als recht. Neben ihrer eigentlichen Arbeit sind fast 20 % der Logistik-Mitarbeiter auch noch in Projektteams für die Standortverlagerung eingebunden. Die Überstunden gehen durch die Decke, die Stimmung ist am Boden und jetzt hat die Geschäftsleitung auch noch eine Urlaubssperre beschlossen. Die Mitarbeiter der Logistikabteilung sind kurz vor der Meuterei, und es drohen Massenkrankmeldungen.

Wenn Sie in einer solchen Situation der direkte Vorgesetzte dieser Mitarbeiter sind, haben Sie eine der schwierigsten Kommunikationsaufgaben vor sich, die man sich vorstellen kann. Dieses Beispiel beschreibt für Sie als Sandwichmanager quasi die schlechteste aller möglichen Welten: hohe Erwartungen von oben, konfliktträchtige Anweisungen und eine starke Belastung Ihrer eigenen Mitarbeiter, die sogar noch zunehmen wird.

Wenn die gesamte Belegschaft mehrere Tage mit Flurfunk statt mit konstruktiver Arbeit verbringt, der Krankenstand sich erhöht, weil sich die Mitarbeiter von Ängsten und Unsicherheit oder Enttäuschung geplagt fühlen, ist das für niemanden erstrebenswert. Die dadurch entstehenden Produktivitätsausfälle würden astronomische Summen erreichen, würde man sich unter betriebswirtschaftlichen Gesichtspunkten dafür interessieren und sie in Zahlen fassen. Wie können Sie nun als Führungskraft aus der Mitte heraus sinnvoll oder gar präventiv darauf einwirken?

In dieser Situation wird Ihre Feedbackfunktion von unten nach oben zu einem ganz entscheidenden Moment, um die Lage noch entschärfen zu können. Das kann dann klappen, wenn Sie zu Ihren Mitarbeitern ein intaktes Vertrauensverhältnis haben. Für die Kommunikation mit Ihren Mitarbeitern gilt an einem solchen Punkt:

- Liefern Sie Ihre eigene Einschätzung der Situation, beschönigen Sie dabei nichts.

- Machen Sie deutlich, welche Botschaften Sie an Ihren Chef weitergeben.

- Sagen Sie ehrlich, welche Veränderungsmöglichkeiten Sie sehen und machen Sie keine unrealistischen Versprechen.

Mitarbeiter wollen ernstgenommen werden, und zwar egal auf welcher Hierarchieebene sie sich befinden. Von Veränderungen im Unternehmen durch die Presse zu erfahren, von Geschäftsführern mit salbungsvollen Worten oder Plattitüden abgespeist zu werden, ist in hohem Maße unbefriedigend. Das alles bewirkt Vertrauensverlust, die Identifikation mit dem Unternehmen sinkt, ebenso Engagement und Commitment. Die meisten Top-Führungskräfte sind sich dieser massiven Konsequenzen auf die Motivation in der ganzen Unternehmensbreite gar nicht bewusst. Einmal nimmt es der Mitarbeiter noch hin, nach mehrfachen, nicht klar kommunizierten Veränderungen in kurzer Zeit wird es für ihn zur Farce; er kann sein Management dann nicht mehr ernstnehmen. Eine Führungskraft im Sandwich mit, wenn auch begrenzten, Einflussmöglichkeiten fühlt sich dann mitunter zum reinen Befehlsempfänger degradiert. Eine Grundhaltung mit einer guten Mischung aus Skepsis gegenüber Informationsquelle und Informationsgehalt sowie aus grundsätzlichem Vertrauen auf die Zukunft ist dann angebracht.

Stimmungen realistisch weitergeben

Natürlich erwartet Ihr Chef von Ihnen, dass Sie Probleme selbstständig lösen und von ihm fernhalten. Es ist auch nicht Ihre Aufgabe, wie ein Seismograf jede Erschütterung aufzunehmen und weiterzugeben oder als wandelndes Stimmungsbarometer durch den Betrieb zu laufen. Unzufriedenheit gehört zum Alltag. Bevor jedoch ein Erdbeben der Wut über Ihren Chef hereinbricht, sollten Sie ihn informieren. Wenn Sie Ihre Kommunikationsfunktion zuvor auch schon kontinuierlich wahrgenommen haben, wird er von der angespannten Situation nicht überrascht sein.

- Schildern Sie den Status Quo so konkret wie möglich, machen Sie deutlich, wie die Belastung in der Abteilung aussieht.

- Bewerten Sie die Haltung Ihrer Mitarbeiter realistisch.

- Zeigen Sie mögliche Entwicklungsszenarien auf: Best Case versus Worst Case und zugehörige Wahrscheinlichkeiten.

- Machen Sie Möglichkeiten und Grenzen Ihres Einflusses deutlich.

- Diskutieren Sie Lösungsmöglichkeiten mit Ihrem Chef.

Diese Punkte sollten Sie immer beachten, wenn Sie Ihrem Vorgesetzten ein Problem präsentieren, das Sie nicht alleine lösen können.

Beiderseitiges Vertrauensverhältnis aufbauen

Egal, ob Sie in Extrem- oder in Normalsituationen kommunizieren, und egal, in welche Richtung Sie dies tun: Was Sie brauchen, ist Vertrauen, und zwar das Ihrer Mitarbeiter und Ihres Chefs. Das schaffen Sie nur durch stetiges Kommunizieren. Information, die erst dann kommt, wenn es nicht mehr zu umgehen ist, schürt Misstrauen und Unsicherheit.

Im Verhältnis zu Ihren Mitarbeitern haben Sie die größeren Gestaltungsmöglichkeiten, was Form und Häufigkeit von Gesprächen und den offenen Meinungsaustausch angeht. Gestalten Sie diesen so lebendig und individuell wie möglich. Das hilft Ihnen besonders dann, wenn schwierige Situationen im Unternehmen zu bewältigen sind. Schaffen Sie einen verlässlichen Rahmen für Gespräche mit Mitarbeitern, damit die Kommunikation als Führungsaufgabe im hektischen Arbeitsalltag nicht untergeht.

Beispiel:

 Helfen kann dabei ein fester Termin für ein wöchentliches Meeting aller Mitarbeiter. Hilfreich ist auch eine klar definierte „Sprechstunde" an bestimmten Wochentagen, in der Sie für Einzelgespräche mit Mitarbeitern zur Verfügung stehen – ohne vorherige Terminvereinbarung. Überlegen Sie sich, welches verlässliche Zeitfenster für Gespräche am besten in Ihren Arbeitsablauf passt. Am wichtigsten ist, dass diese Regeln Bestand haben und dass Sie Kommunikationsbereitschaft vorleben.

Bei der Kommunikation mit Ihrem Chef sind Ihre Einflussmöglichkeiten geringer. Sie sollten mit ihm so früh wie möglich eine Form des Austausches finden, die für sie beide funktionell ist und eine möglichst hohe Interaktionsdichte bringt. Sprechen Sie mit Ihrem Chef darüber, welche Art der Information für ihn am effektivsten ist und wie Sie trotz knapper Zeitbudgets beide eine Kommunikation schaffen können, die ihn auf dem Laufenden hält und Feedbackmöglichkeiten in beide Richtungen ermöglicht.

Wenn es kracht: Konflikte austragen

Wo Menschen sind, gibt es Konflikte. Wir alle haben unterschiedliche Meinungen, Einstellungen und Verhaltensweisen. Jeder verfolgt unterschiedliche Ziele. Das ist einer der Hauptgründe für Konflikte und Auseinandersetzungen am Arbeitsplatz.

Beim Umgang mit Konflikten sind Sie als Sandwichmanager einmal mehr in einer besonderen Position. Auf der einen Seite richten Sie den Blick auf Ihre Mitarbeiter. Als deren Vorgesetzter sind Sie dafür verantwortlich, Konflikten vorzubeugen, sie zu erkennen und für eine Konfliktlösung im Sinne des Unternehmens zu sorgen. Auf der anderen Seite richten Sie Ihre Aufmerksamkeit auf Ihren eigenen Chef. Dieser vermittelt Ihnen die Konflikte, die in den darüber liegenden Leitungsebenen des Unternehmens ausgetragen werden. Auf diese haben Sie persönlich in aller Regel wenig Einfluss, bekommen aber dennoch und wahrscheinlich häufiger, als Ihnen lieb ist, deren Auswirkungen zu spüren.

Seien Sie wachsam: Konfliktsymptome

Konflikte sind der Sand im Getriebe von Unternehmen. Sie sind Gift für die Motivation, sorgen für Verschleiß bei Ihnen und Ihren Mitarbeitern, verlangsamen Arbeitsabläufe und legen eine Abteilung lahm, wenn sie über längere Zeit ungelöst bleiben. Weder die Fähigkeiten Ihrer Mitarbeiter noch die mit Sachverstand gestalteten Arbeitsprozesse führen zum Ziel, wenn Streit und Auseinandersetzungen die Zusammenarbeit behindern.

Als Vorgesetzter sehen Sie meist nicht den Konflikt selbst, weil Mitarbeiter diesen nicht offen vor Ihren Augen austragen. Reden Sie viel mit ihnen und beobachten Sie, wie sie sich untereinander verhalten. Aufmerksamkeit und eine offene Kommunikation von Ihrer Seite sind das beste Frühwarnsystem für sich anbahnende oder bereits schwelende Konflikte.

Typische Konfliktsymptome

- Gestörte Kommunikation: Mitarbeiter reden nicht miteinander oder sie reden negativ übereinander. Achten Sie auf verbale Giftpfeile, die abgeschossen werden. Herr Radvan sagt z. B. so ganz nebenbei: „Frau Hagedorn kam heute zu spät zum Meeting. Na ja, das ist nicht so ungewöhnlich."

- Muskelspiele: Mitarbeiter äußern sich betont selbstbewusst oder sogar aggressiv, im Gespräch oder in E-Mails, wie z. B.: „Denen von der Vertriebsregion Nord werden wir es jetzt mal zeigen. Die wissen ja immer alles besser." Seien Sie aufmerksam für Situationen, in denen Mitarbeiter versuchen, sich auf Kosten anderer zu profilieren.

- Dienst nach Vorschrift: Mitarbeiter verhalten sich passiv oder desinteressiert. Sie beteiligen sich nicht aktiv an Besprechungen und machen im Arbeitsalltag gerade genug, um nicht unangenehm aufzufallen. Richten Sie ein besonderes Augenmerk auf Mitarbeiter, die in ihrer Leistung nachlassen.

- Häufige Krankmeldungen bzw. hohe Fluktuation in der Abteilung: Wenn der Krankenstand in einer Abteilung ansteigt oder Mitarbeiter kündigen bzw. um Versetzung bitten, ist das ein Anzeichen für Konflikte. Sehen Sie genau hin, wenn sich Mitarbeiter zurückziehen oder häufig wegen Krankheit fehlen.

- Sabotage: Mitarbeiter blockieren ihre Kollegen, torpedieren Lösungsansätze und legen destruktives Verhalten an den Tag. Alarmstufe Rot: Der Konflikt läuft heiß, jetzt müssen Sie handeln.

Nicht jeder Konflikt, den Sie wahrnehmen, erfordert Ihr Eingreifen. In einer funktionierenden Abteilung kann es immer wieder Auseinandersetzungen geben, die völlig ohne Ihr Zutun beigelegt werden. Genau diese Fähigkeit zur eigenständigen Konfliktbereinigung ist ein wesentliches Merkmal einer konstruktiv zusammenarbeitenden Gruppe. Menschen, die miteinander arbeiten, ohne dass es zu Konflikten kommt, werden weder besonders kreativ noch besonders produktiv sein.

Notwendig wird Ihre Intervention, wenn Ihre Mitarbeiter einen Konflikt nicht selbst klären können und wenn eine von zwei Voraussetzungen erfüllt ist:

1 Ein Konflikt stört die Arbeitsabläufe oder

2 ein Konflikt ist gefühlsbetont und wird auf der persönlichen Ebene ausgetragen.

In solchen Fällen ist es Ihre Aufgabe als Führungskraft, die Konfliktlösung zu unterstützen. Das Mittel dafür ist das Konfliktgespräch.

Konfliktgespräche bedürfen einer guten und strukturierten Vorbereitung. Das gilt insbesondere, wenn auch persönliche Verhaltensweisen von Mitarbeitern angesprochen werden müssen. Ein schnelles Gespräch zwischen Tür und Angel ist hier nicht angebracht, vor allem, wenn es völlig unüberlegt geführt wird und nur dem eigenen Frustabbau dient. Die Folgen dieser Schnellschüsse sind Unverständnis, Frust und Abblocken bei den Mitarbeitern.

Was Sie als Führungskraft als Ziel eines Konfliktgesprächs anstreben sollten, ist eine Vereinbarung. Das bedeutet nicht, dass die Kontrahenten nach dem Gespräch einer Meinung sein müssen. Es bedeutet lediglich, dass sie festhalten, was das Ergebnis der Einigung ist und wie sie in Zukunft mit ihren Meinungsverschiedenheiten umgehen.

Beispiel:

Herr Radvan und Frau Hagedorn führen beide eine Arbeitsgruppe im Projektteam „Vertriebsoffensive". Sie streiten sich seit einiger Zeit darüber, wie die Arbeitsgruppen ihre Ergebnisse dokumentieren und austauschen sollen. Frau Hagedorn arbeitet mit Mindmaps, „weil sich dort Zusammenhänge besser darstellen lassen". Herr Radvan besteht auf PowerPoint, weil er lieber mit „klar strukturierten, sauberen Listen" arbeitet. Der Vorgesetzte der beiden, Herr Sander, hatte sie gebeten, das untereinander zu klären. Nachdem das keine Einigung brachte, hat er die beiden Kontrahenten nun zum Konfliktgespräch eingeladen.

Die vier Phasen des Konfliktgesprächs

1	Rahmen festlegen
2	Thema klären
3	Konflikt bearbeiten
4	Vereinbarungen festhalten

1   Den Rahmen festlegen: Gerade weil es sich um ein Konfliktgespräch handelt, ist ein klar definierter Rahmen von Vorteil. Schaffen Sie eine angenehme, aber professionelle Umgebung. Sorgen Sie für Getränke, einen geeigneten Besprechungsraum, in dem Sie ungestört sind, und setzen Sie sich mit den Kontrahenten an einen Tisch. Legen Sie die Besprechungsdauer und die Spielregeln fest. Das sind im Wesentlichen die Feedbackregeln: aufmerksam zuhören, den anderen ausreden lassen; vor allem sind Vorwürfe tabu, die die Person betreffen.

2   Das Thema klären: Umreißen Sie als Führungskraft das Gesprächsthema und den Konfliktgegenstand aus Ihrer Sicht. Machen Sie deutlich, dass Sie von diesem Gespräch eine Klärung des Konflikts erwarten. Machen Sie auch klar, dass Sie als Vorgesetzter eine Entscheidung treffen werden, wenn es nicht zu einer Einigung kommt.

3   Den Konflikt bearbeiten: In dieser Phase können die Kontrahenten ihre Sicht auf den Konflikt darstellen. Agieren Sie als Moderator. Geben Sie Ihren Mitarbeitern genug Raum, um ihre Meinung zu sagen, um bis zu einem gewissen Punkt auch Luft abzulassen. Greifen Sie moderierend ein, wenn die Darstellung abschweift oder unsachlich wird. Lassen Sie keine Unterbrechung des jeweils anderen zu, unterbrechen Sie selbst jedoch bei persönlichen Angriffen sofort. Nehmen Sie eine klare Trennung von Sachkonflikten und persönlichen Konflikten vor. Sorgen Sie nach dem Meinungsaustausch dafür, dass die Mitarbeiter selbst Lösungen anbieten. Wenn das nicht möglich ist, greifen Sie steuernd ein und machen Sie als Vorgesetzter eigene Vorschläge.

4   Die Vereinbarungen festhalten: Wenn die beiden Kontrahenten zu einem Konsens kommen, formulieren Sie diesen gemeinsam und halten Sie ihn schriftlich fest. Wenn es nötig ist, halten Sie neben den reinen Sachvereinbarungen auch zukünftige Verhaltensregeln fest, die persönliche Konflikte entschärfen. Wenn die beiden sich nicht einigen können, treffen Sie eine Entscheidung und begründen Sie sie kurz. Machen Sie in jedem Fall deutlich, dass Sie auf die Einhaltung des Vereinbarten achten werden. Bedanken Sie sich bei den Teilnehmern für die Mitarbeit und den Input. Finden Sie ein positives Schlusswort.

In allen Phasen eines solchen Gesprächs zur Konfliktschlichtung ist ein Aspekt von zentraler Wichtigkeit: Sie müssen als Vorgesetzter das Verfahren unter Kontrolle haben. Ihre Rolle geht auch über die eines klassischen Moderators weit hinaus. Sie sind kein Moderator, sondern Entscheider, wenn Ihre Mitarbeiter den Konflikt nicht beilegen können. Allein durch diese Setzung und den Rahmen, den Sie für das Konfliktgespräch geschaffen haben, erhöhen Sie den Druck zur Konfliktlösung.

Im Beispielfall könnte Herr Sander auch noch einen Schritt weitergehen und sowohl Frau Hagedorn als auch Herrn Radvan klarmachen, dass sie die Arbeitsgruppenleitung abgeben müssen, wenn eine Einigung nicht möglich ist. So verdeutlichen Sie als Vorgesetzter, dass Sie einen Konsens wünschen und dass fortgesetzter Streit für die Streithähne ganz persönliche negative Folgen hat.

Wenn Sie selbst involviert sind

Wenn Sie als Vorgesetzter selbst in den Konflikt involviert sind, verändert das Ihre Möglichkeiten zur Konfliktlösung, macht die Situation aber nicht unbedingt schwieriger. Ihre erste Frage sollte hier lauten: Welche Ziele will ich durch die Beilegung des Konflikts erreichen?

- Verfolgen Sie eine Maximallösung oder sind Sie bereit, einige Ihrer Ziele aufzugeben?
- Wenn Sie ein Ziel aufgeben, was wollen Sie im Gegenzug dafür bekommen?
- Welche Wertschätzung haben Sie für den Mitarbeiter, der in den Konflikt involviert ist?
- Wie wichtig ist Ihnen die zukünftige Kooperation des Mitarbeiters, der Teil des Konflikts ist?
- Was ist der optimale Konfliktausgang für Sie?
- Was ist Ihr Minimalziel?

Beispiel:

Herr Sander ist Leiter der Einkaufsabteilung bei einem mittelständischen Möbelhersteller. Es gibt ein Projektteam, das neue Richtlinien für Governance in diesem Bereich erarbeiten soll. Ein weiteres Team kümmert sich um die Neuformulierung der Prozesse für das Online-Sourcing. Herr Sander hat entschieden, zwei Mitarbeiter aus dem Governance-Team in das Sourcing-Team rüberzuziehen, weil hier die Arbeitsbelastung erheblich höher ist. Dagegen hat Herr Weiß, der Leiter des Governance-Teams, beim letzten Abteilungsmeeting sehr energisch und emotional protestiert.

Vor dem Gespräch muss Herr Sander für sich klären, welches Ergebnis er erzielen will. Kann er sich einen Kompromiss vorstellen – einen Mitarbeiter abziehen, einer bleibt beim Team Governance? Oder ist an seiner Entscheidung nicht zu rütteln? Und auf einer ganz anderen Ebene: Erwartet er von Herrn Weiß eine Entschuldigung, eventuell sogar vor den anderen Mitarbeitern?

In einer solchen Situation läuft das Gespräch in ähnlichen Phasen ab wie bei der Lösung von Konflikten zwischen Mitarbeitern: Schaffung des Gesprächsrahmens, Themenklärung, Bearbeitung des Konflikts und das Niederlegen der Ergebnisse. Die Gesprächssituation ist aber aufgrund der Hierarchie der am Konflikt Beteiligten eine grundlegend andere. Trotzdem sollten Sie als Vorgesetzter auch hier eine möglichst positive Atmosphäre schaffen. Dabei geht es nicht um Small Talk oder aufgesetzte Nettigkeiten. Das ist in so einer Situation fehl am Platz.

Regeln für ein hierarchisches Konfliktgespräch

- Eröffnen Sie das Gespräch höflich, indem Sie dem Mitarbeiter für seine Bereitschaft danken, zur Konfliktlösung beizutragen.

- Verzichten Sie auf persönliche Schuldzuweisungen.

- Versetzen Sie sich in Ihren Mitarbeiter hinein, äußern Sie Verständnis für sein Verhalten, soweit das möglich ist.

- Wenn Sie über sich sprechen, senden Sie Ich-Botschaften: „Ich habe mich über Ihr Verhalten geärgert".

Regeln für ein hierarchisches Konfliktgespräch

- Geben Sie dem Mitarbeiter die Möglichkeit, sein eigenes Verhalten und die Gründe dafür zu erklären.

- Legen Sie die Gründe für Ihre Entscheidung dar.

- Erläutern Sie das Gesprächsziel und geben Sie dem Mitarbeiter die Möglichkeit, dazu Stellung zu nehmen.

- Beginnen Sie einen Dialog und nehmen Sie auch die Perspektive des Gegenübers ein, z.B.: „Ich kann gut verstehen, dass die zusätzliche Arbeitsbelastung ein Problem für Sie ist" – und werben Sie um Verständnis: „Ich schätze Ihren Beitrag sehr, und wenn Sie den Kollegen vom anderen Team helfen …".

- Schaffen Sie beim Festhalten des Ergebnisses Verbindlichkeit.

- Gestalten Sie einen positiven Gesprächsabschluss, indem Sie dem Mitarbeiter deutlich machen, was er zur Konfliktlösung beigetragen hat.

Konflikte als Katalysator

Konfliktsituationen sind der klassische Test der eigenen Führungskompetenz für jeden Sandwichmanager. Ob Sie in Ihrer Position Erfolg haben, hängt zu einem nicht unwesentlichen Teil davon ab, wie Sie mit Konflikten umgehen. Vorbeugung ist hier ein wichtiges Mittel, aber kein Allheilmittel. Ihr eigener Chef erwartet vor allem eines: Dass Sie ihm Konflikte vom Hals halten und dass Sie die Konflikte, die Sie doch zur Entscheidung an ihn weitergeben, richtig auswählen, intelligent vorbearbeiten und vor allem eine gute Lösungsmöglichkeit als Vorschlag parat haben. Ihr Chef wird dann mit Ihnen zufrieden sein, wenn Sie ihm für seine Entscheidung die Fakten präsentieren und möglichst eine darauf basierende Handlungsempfehlung.

Auch für das Ansehen bei Ihren Mitarbeitern hat Ihre Fähigkeit als Konfliktmanager einen hohen Stellenwert. Eine Führungskraft, die ausschließlich auf Konfliktvermeidung und Konsens hinarbeitet, wird bald nicht mehr als solche wahrgenommen. Ein Hang zum dauernden Kompromiss wird in der Außenwahrnehmung schnell zur Entscheidungsschwäche. Was Mitarbeiter von Ihnen als Vorgesetztem erwarten, sind: Fairness bei der Konfliktlösung, die Nachvollziehbarkeit von Entscheidungen und eine klare Linie, an der Sie Ihre Entscheidungen ausrichten. Gerade bei Konflikten gilt für Chefs und Mitarbeiter gleichermaßen: Der beste Sandwichmanager ist der verlässliche Sandwichmanager.

Selbsttest: Welcher Führungstyp sind Sie?

Ihre eigene Persönlichkeit beeinflusst auch die Art und Weise, in der Sie führen, oder anders gesagt: Ihre Führungspersönlichkeit ist Teil Ihrer Persönlichkeit. Der Mensch lässt sich nicht von der Führungskraft trennen. Das ist eine Voraussetzung für authentisches Handeln. Natürlich ist Ihr Verhalten als Führungskraft ein Rollenverhalten. Sie agieren professionell, aber wie Sie agieren und welche Werte die Grundlage für

Ihre Entscheidungen sind, das bestimmt die Persönlichkeit. Authentisch handeln heißt glaubwürdig und in Einklang mit den eigenen Werten agieren.

Führungspersönlichkeiten unterscheiden sich in ihrem Führungsverständnis und in ihrem Kommunikationsstil. Sie leiten ihre Abteilung oder ihr Team auf ganz spezifische Weise. Je nach Führungstyp gehen sie auch ganz unterschiedlich an Veränderungsprojekte heran.

Welche Führungspersönlichkeit sind Sie? Sind Sie eher Experte, Leistungsträger oder sind Sie ein Katalysator? Machen Sie den Test! Welche Aussage fühlt sich für Sie richtig an? Kreuzen Sie die zutreffenden Antworten an.

Mein Führungsverständnis		
▪ Die beste Motivation ist, einen Beitrag zur Erreichung übergeordneter Ziele zu leisten.	B	☐
▪ Eine meiner wichtigsten Führungsaufgaben ist es, meinen Mitarbeitern die Möglichkeit zu geben, sich weiter zu entwickeln.	C	☐
▪ Ich bringe die richtigen Leute zusammen, um gemeinsam eine Vision zu realisieren.	C	☐
▪ Ich formuliere strategische Ziele.	B	☐
▪ Ich glaube, dass Führungskräfte vor allem durch Fachkenntnisse überzeugen müssen.	A	☐
▪ Ich sehe mich vor allem als Problemlöser.	A	☐
▪ In meiner Führungsarbeit bin ich in erster Linie ergebnisorientiert.	B	☐

Mein Führungsverständnis		
• Meine Aufgabe als Führungskraft ist es, eine Vision zu formulieren, die meine Mitarbeiter motiviert.	C	☐
• Um meine Mitarbeiter zu motivieren, stelle ich ihnen herausfordernde Aufgaben.	B	☐

Wie oft haben Sie jeweils A, B oder C angekreuzt? Notieren Sie die Summen.

- A:
- B:
- C:

Mein Kommunikationsstil		
• Beim Meinungsaustausch beziehe ich mich vor allem auf Fakten.	A	☐
• Diskussionen mit Mitarbeitern sind mir wichtig, weil ich davon profitiere, auch die Sichtweise anderer kennenzulernen.	C	☐
• Ich gebe Feedback, um Lösungen für bessere Ergebnisse voranzubringen.	B	☐
• Ich nehme gerne Feedback an, wenn es mich dabei unterstützt, meine Arbeitsergebnisse und die meiner Abteilung zu verbessern.	B	☐
• Ich pflege einen offenen Kommunikationsstil: meine Mitarbeiter sind aufgefordert, ihre Meinung offensiv zu vertreten.	C	☐

Mein Kommunikationsstil

▪ Ich vertrete meine Meinung offensiv, wenn die Tatsachen für mich sprechen. Ich lasse mich aber von Sachargumenten anderer überzeugen.	A	☐
▪ In meiner Kommunikation bin ich selbstbewusst.	B	☐
▪ Offenes Feedback ist ein wichtiger Teil meiner Führungsarbeit – als Feedbackgeber und Feedbackempfänger.	C	☐

Wie oft haben Sie jeweils A, B oder C angekreuzt? Notieren Sie die Summen.

- A:
- B:
- C:

Mein Stil als Teamleader

▪ Als Chef meiner Mitarbeiter bin ich wie der Kapitän einer Schiffscrew: Ich steuere den Kurs und lege Aufgabenbereiche fest.	B	☐
▪ Die Weiterentwicklung meines Teams ist die Weiterentwicklung meiner Führungskompetenz.	C	☐
▪ Es ist mein Ziel, ein Team zusammenzustellen und zu führen, in dem alle Mitglieder zur kreativen Aufgabenbewältigung beitragen.	C	☐
▪ Ich ermutige meine Mitarbeiter zur konstruktiven Debatte über schwierige Fragen.	C	☐

Mein Stil als Teamleader

▪ Ich führe meine Abteilung, damit sie zum Erreichen wichtiger strategischer Ziele beiträgt.	B	☐
▪ Ich koordiniere meine Abteilung und lasse den Mitarbeitern bei der Erfüllung einzelner Aufgaben Freiheiten.	B	☐
▪ Ich lasse mein Team machen und gebe den Mitgliedern persönlich Feedback zu den Ergebnissen.	A	☐
▪ Ich stelle mir ein Team aus den besten Fachleuten zusammen.	A	☐
▪ Teamarbeit heißt für mich gemeinsames Arbeiten an einem gemeinsamen Ziel.	A	☐

Wie oft haben Sie jeweils A, B oder C angekreuzt? Notieren Sie die Summen.

- A:
- B:
- C:

Mein Stil als Changeleader

▪ Als Führungskraft ist es mein Ziel, alle Stakeholder in den Veränderungsprozess einzubeziehen und ihnen einen substanziellen Input zu ermöglichen.	C	☐
▪ Auch mit Veränderungen im Detail lassen sich relevante Verbesserungen erzielen.	A	☐

Mein Stil als Changeleader		
▪ Bei der Veränderung von Organisationen setze ich an der Organisationskultur an.	C	☐
▪ Die wichtigsten Treiber der Veränderung sind Teamwork und das Empowerment der Mitarbeiter.	C	☐
▪ Ich ermuntere meine Mitarbeiter dazu, strategisch zu denken und über den eigenen Tellerrand hinaus zu schauen.	B	☐
▪ Um Veränderungen erfolgreich zu gestalten, beziehe ich auch das Umfeld mit ein, z.B. andere Abteilungen im eigenen Unternehmen, Lieferanten oder Kunden.	B	☐
▪ Veränderung heißt für mich vor allem Optimierung unserer internen Prozesse.	A	☐

Wie oft haben Sie jeweils A, B oder C angekreuzt? Notieren Sie die Summen.

- A:
- B:
- C:

Auswertung

Zählen Sie nun die A-, B-, C-Summen von oben zusammen.

- Gesamtsumme A:
- Gesamtsumme B:
- Gesamtsumme C:

Überwiegend A angekreuzt: Führungstyp Experte

Wenn Sie sich in den A-Statements wiederfinden, sind Sie ein klassischer Experte. Die Qualität Ihrer Arbeit und die Qualität der Ergebnisse, die Ihre Abteilung erzielt, haben für Sie einen hohen Stellenwert. Sie legen Wert auf sachkundige Mitarbeiter, denen Sie auch Freiheiten bei der Gestaltung der eigenen Arbeit lassen. Sie wollen vor allem durch Sachverstand überzeugen und in Ihrer Expertise ein Vorbild sein.

Als Experte können Sie sich der Anerkennung Ihres Vorgesetzten und Ihrer Mitarbeiter sicher sein. Sie genießen Sympathien, gerade weil Sie Ihre eigene Person nicht in den Vordergrund stellen und sich um die Details kümmern. Sie müssen aber auch aufpassen, dass sich das nicht zu Ihrem Nachteil auswirkt, weil Sie Ihre Kommunikations- und Führungsaufgaben vernachlässigen. Wenn Sie auf der Karriereleiter noch ein paar Sprossen vorankommen wollen, sehen Sie Ihre Expertise nicht als Selbstzweck, sondern als gute Basis, um Ihre Führungskompetenzen weiterzuentwickeln.

Überwiegend B angekreuzt: Führungstyp Leistungsorientierter Macher

Wenn die B-Aussagen überwiegen, definieren Sie sich als klassischen Macher und Leistungsträger. Sie wollen mit Ergebnissen überzeugen und denken strategisch, um Ihre Ziele zu erreichen. Sie leben Leistungsbereitschaft vor und fordern Leistungsbereitschaft von Ihren Mitarbeitern. Sie sind ein eher autoritärer Führungstyp, weil Sie Ihre Aufgabe darin sehen Ziele vorzugeben. In dieser Hinsicht ermöglichen Sie Ihren Mitarbeitern wenig Input. Freiheiten haben Ihre Mitarbeiter nur bei der Definition und Ausführung der eigenen Aufgaben, wenn sie dieses Vertrauen durch gute Ergebnisse rechtfertigen.

Vorgesetzte lieben Machertypen, wie Sie es sind, weil sie ihre Abteilung im Griff haben und Ergebnisse bringen. Sie müssen allerdings aufpassen, dass Sie einerseits Ihre Mitarbeiter nicht überfordern und andererseits nicht bei Führungskollegen anderer Abteilungen anecken. Wer über den Tellerrand hinausschaut, macht sich nicht immer beliebt. Wer seine Mitarbeiter zu stark dominiert, dessen Ruf als Führungskraft kann leiden. Machen Sie Ihre eigene Leistungsorientierung nicht zum absoluten Maßstab für andere, und denken Sie auch daran, wie Sie Ihre Mitarbeiter weiterentwickeln.

Überwiegend C angekreuzt: Führungstyp Kreativer Visionär

Wenn Sie sich eher in den C-Antworten wiederfinden, sehen Sie sich vermutlich als Visionär, der die Kreativität seiner Mitarbeiter individuell fördert und ihre Fähigkeiten gezielt weiterentwickelt. Sie schaffen Leistungsbereitschaft durch Offenheit und Vertrauen. Sie fordern von Ihren Mitarbeitern Meinungsstärke und die Fähigkeit, auch eigene Ziele zu definieren. Als Führungskraft widmen Sie sich der Komplexität als Gestaltungsaufgabe und richten Ihren Blick auf das große Ganze.

Mit Ihrer Visionskraft und Ihrer motivierenden Führungskompetenz stehen Sie bei Ihren Vorgesetzten auf der Liste derer, die Perspektiven auf einen Job im Topmanagement haben. Auch bei Ihren Mitarbeitern sind Sie beliebt, weil Sie deren Persönlichkeitsentwicklung unterstützen. Gleichzeitig sollten

Sie darauf achten, dass Sie nicht das Etikett eines „Abgehobenen" angeheftet bekommen, der nur wenig von der eigentlichen Sacharbeit versteht und fachliche Aufgaben vernachlässigt.

Auf einen Blick: Mitarbeiter führen

- Jeder Mitarbeiter ist anders. Um sie richtig führen und motivieren zu können, sollten Sie wissen, wie jeder einzelne von ihnen „tickt". Das gelingt durch intensive Beobachtung, gute Beurteilungskriterien und aufmerksames Zuhören.

- Wenn Mitarbeiter die gesetzten Ziele nicht erreichen, dann hilft Ärger und Wut seitens des Vorgesetzten nur wenig. Es gilt dann herauszufinden, woran es lag, und konstruktives Feedback zu üben.

- Konkurrenz belebt das Geschäft. Wenn in Ihrer Abteilung oder in Ihrem Team jedoch Neid und Missgunst herrschen, sollten Sie schnell die Notbremse ziehen. Das gelingt in einem persönlichen Gespräch mit den Stimmungsmachern.

- Die besten Sandwichmanager sind Meister der Kommunikation. Machen Sie sich nicht zum Sprachrohr oder Boten des Chefs. Steuern Sie aktiv das, was Sie nach oben und nach unten berichten.

- In der Sandwichposition sollten Sie eine gute Antenne für die Symptome von Konflikten haben, die von oben und von unten an Sie herangetragen werden. Damit und mithilfe konstruktiver, gut strukturierter Gespräche lassen sich schwelende Konfliktherde frühzeitig löschen.

Die Kollegen führen

Ohne Kollegen geht es nicht. Vor allem für einen Sandwich-manager, der Druck von allen Seiten erfährt, ist es gut zu wissen, dass man Verbündete auf gleicher Ebene hat.

In diesem Kapitel erfahren Sie,

- wie Sie trotz unterschiedlicher Interessen Situationen schaffen, von denen alle profitieren,
- wie Sie gemeinsam stark werden,
- was Sie tun können, wenn ein Kollege querschießt,
- warum ein stabiles Netzwerk wichtig ist.

Wer ohne Macht führt, muss geschickt verhandeln

Erfolgreiche Unternehmen müssen flexibel sein. Nicht nur, um auf die Wünsche ihrer Kunden und die sich ständig wandelnden Anforderungen der Märkte mit Erfolg zu reagieren, sondern auch, um das eigene Produkt- und Dienstleistungsangebot weiterzuentwickeln und neue Geschäftsfelder zu erschließen. Wer flexibel sein will, muss seine Reaktionszeiten verkürzen. Diese Notwendigkeit und generell offenere, weniger an Status orientierte Unternehmenskulturen haben dazu geführt, dass in der heutigen Zeit die Hierarchien in Unternehmen flacher und auch die Formen der Zusammenarbeit temporärer und fließender sind.

Weg von der Abteilung – hin zu Projektteams

Die Team- und Projektarbeit ist ein Ausdruck dieser Trends. Das Arbeiten in Teams ist mittlerweile etwas Alltägliches. Eine wichtige Folge davon: Immer mehr Führungsaufgaben werden von Menschen ohne eine echte Vorgesetztenfunktion ausgeführt.

Gerade um relativ komplexe Aufgaben zu bewältigen, werden Projekte ins Leben gerufen, deren unterschiedliche Teilaufgaben dann an Teams delegiert werden. Solche Projekte betreffen oft abteilungsübergreifende Themen wie Veränderungsprozesse, Umstrukturierungen oder Produktentwicklungen. Die Vorteile eines Projekts sind folgende:

- Projekte bringen Mitarbeiter aus unterschiedlichen Abteilungen zusammen, um den richtigen Mix aus Fachkenntnissen zu erreichen.

- Sie sind aufgabenspezifisch und dienen der Lösung eines klar definierten Problems.

- Sie sind auf Zeit angelegt und bedürfen deshalb nicht der Etablierung zusätzlicher personeller Strukturen.

Wenn Sie der Projektleiter sind, werden Sie zum Quasi-Vorgesetzten für die Projektmitglieder – auch von Kollegen, die auf Ihrer Führungsebene oder sogar darüber sind. Mit der Funktion des Projektleiters sind in der Regel jedoch keinerlei zusätzliche formelle Kompetenzen verbunden. Sie werden diese Kollegen also nicht so führen können wie Mitarbeiter, deren Vorgesetzter Sie sind. In der Zusammenarbeit sind Sie allein auf Sachargumente und Ihre Überzeugungskraft angewiesen.

Beispiel:

Der Leuchtenhersteller „Mehrlicht" will moderne Lichtlösungen speziell für Autohäuser anbieten. Zur Entwicklung der Produktlinie wird ein Projekt mit drei Teams aufgesetzt: Es gibt das Technikteam, das Designteam und das kaufmännische Team. Sie sind stellvertretender Leiter des Konzerncontrollings und werden zum Projektleiter bestimmt. Sie sind dafür verantwortlich, dass Prototypen der neuen Projektlinie und ein Vertriebskonzept innerhalb von fünf Monaten beim Vorstand vorgestellt werden können. Die Teamleiter für Design und Technik sind ebenfalls stellvertretende Abteilungsleiter, das kaufmännische Team wird von einem Ihrer Mitarbeiter aus dem Konzerncontrolling geführt.

Oberflächlich betrachtet sind Sie in dieser Projektkonfiguration in keiner guten Position. Die beiden Kollegen, die Ihnen in der Unternehmenshierarchie gleichgestellt sind, führen zwei Teams, zu deren Arbeit Sie keinen wesentlichen fachlichen Input leisten können. Ändern können Sie daran nichts. Sie sollten diesen vermeintlichen Nachteil jedoch in einen Vorteil ummünzen: Sie können sich einerseits auf Ihre steuernden Projektleiteraufgaben konzentrieren und haben andererseits die Möglichkeit, bei Konflikten zwischen den kreativen Designern und den technikgetriebenen Ingenieuren als Neutraler einzugreifen und zu vermitteln. Darüber hinaus haben Sie bei allen Kosten- und Vertriebsthemen aufgrund Ihrer kaufmännischen Expertise und als Vorgesetzter des Teamleiters große Einflussmöglichkeiten.

Wie ein Auto ohne Reifen: die Führungskraft ohne Vorgesetztenfunktion

Was unterscheidet einen Vorgesetzten von einer bloßen Führungskraft? Die Faustregel lautet: Derjenige, der über Urlaub entscheidet, ist ein Vorgesetzter. Diese Regel ist ziemlich nah an der Wahrheit. Etwas präziser ausgedrückt ist die Vorgesetztenfunktion etwas sehr Formelles: Disziplinarverantwortung. Einem Vorgesetzten wurde vom Unternehmen die Kompetenz übertragen, Mitarbeitern Weisungen zu erteilen, sie zu beurteilen, Zielvereinbarungsgespräche zu führen usw. Kurz gesagt ist ein Vorgesetzter für alle Personalfragen seiner Mitarbeiter zuständig. Der trockene Begriff der Disziplinarverantwortung rührt unter anderem daher, dass ein Vorgesetzter auch disziplinarische Maßnahmen ergreifen kann. So darf er Arbeitnehmer z. B. abmahnen. Als Projekt- oder Teamleiter fehlt Ihnen diese „Macht", also die formellen Voraussetzungen, um Mitarbeiter zu führen, die nicht aus Ihrer Abteilung kommen.

Beispiel:

 Bei der Entwicklung der neuen Leuchten-Produktlinie für Autohäuser fällt es Ihnen schwer, die Konflikte zwischen Designern und Technikern zu schlichten. Der Leiter des Technikteams Herr Feger, droht immer wieder damit, strittige Themen nach oben – an Ihnen vorbei – an seine Chefin Frau Lier zu eskalieren.

Das Beispiel zeigt das klassische Dilemma eines Projektleiters ohne Vorgesetztenfunktion:

- Ihre Einflussmöglichkeiten auf Herrn Feger sind in dieser Situation gering. Sie sind weder für seine Leistungsbeurteilung zuständig, noch könnten Sie alleine entscheiden, ihn vom Projekt abzuziehen. Sie können hier nur vermitteln, überzeugen oder, wenn notwendig, rechtzeitig selbst das Gespräch mit der Vorgesetzten suchen.

- Trotzdem haben Sie grundsätzlich die gleichen Führungsaufgaben wie ein „echter" Vorgesetzter.

Aus diesem Dilemma können Sie sich nur durch konsequentes Handeln befreien. Sichern Sie sich Ihre Macht zu entscheiden und die Autorität, Mitarbeiter zu führen, durch vorausschauendes Planen und Handlungskompetenz.

Nehmen Sie frühzeitig Einfluss

Idealerweise sollten Sie schon vor Beginn des Projekts auf Entscheidungen Einfluss nehmen, vor allem, wenn es um folgende Aspekte geht.

Personal	Mit welchen Mitarbeitern wird das Projektteam besetzt? Wer übernimmt welche Aufgaben?
Ziele	Wie lauten die Ziele des Projekts? Welche Erfolgskriterien werden definiert?
Ressourcen	Welche Ressourcen stehen für das Projekt zur Verfügung? Wie viele Personentage, Finanzmittel und infrastrukturelle Ressourcen, die für den Projekterfolg wichtig sind, können im Projekt eingesetzt werden?
Zeitplanung	Wie ist der Projektverlauf? Welche Meilensteine werden definiert?
Projektsteuerung	Wer wirkt an der Projektsteuerung mit? Wer ist für die Projektbewertung auf der übergeordneten Ebene verantwortlich?

Erfolgsfaktor Personalauswahl

Die richtige Zusammenstellung des Teams ist einer der wichtigsten Faktoren, der über den Erfolg von Projekten entscheidet. Gerade bei der Besetzung der Teamleiterpositionen sollten Sie als Projektleiter alles daran setzen, dass Ihre Meinung gehört wird. Lassen Sie sich keine „fertigen Teams" präsentieren. Grundsätzlich sollte erst der Projektleiter ausgewählt und dann die Teams unter seiner Mitsprache zusammengestellt werden.

Die Teamleiter sind nicht nur für das Funktionieren ihrer Teams verantwortlich. Sie sind auch das entscheidende Scharnier zwischen der Projekt- und der Linienebene. Wenn Sie als Projektleiter über die Besetzung eines Teamleiterpostens mitentscheiden, suchen Sie nach Kandidaten, die

- abteilungsübergreifend anerkannt sind,
- Sie bereits in verschiedenen Arbeitssituationen kennen- und schätzen gelernt haben,
- auch über die Rückendeckung ihres Linienvorgesetzten verfügen.

Besonders den letzten Punkt sollten Sie beachten. Natürlich ist es für Sie von Vorteil, wenn jemand zum Teamleiter wird, den Sie gut kennen und schätzen. Wenn derjenige aber nicht die Unterstützung seines Vorgesetzten hat oder nur zähneknirschend von seinem Chef für das Projekt abgestellt wird, verschaffen Sie dem Projekt von Beginn an Probleme und bringen den Teamleiter außerdem in eine schwierige Situation.

Von Anfang an ans Ende denken: Warum Ziele so wichtig sind

Die Position des Projektleiters ist eine klassische Sandwichposition. Die übergeordnete Managementebene hat Ihnen eine Führungsaufgabe übertragen, um mit einer Gruppe von

Mitarbeitern einen Auftrag zu erledigen. Weil ein Projekt organisatorisch, zeitlich und im Hinblick auf den Ressourceneinsatz klar definierte Grenzen hat, spielen die Zieldefinition und die Vereinbarung von Erfolgskriterien eine besondere Rolle.

Als Projektleiter müssen Sie sich nicht nur am Grad der Zielerreichung messen lassen. Sie müssen sich auch mit den Projektzielen identifizieren, um Ihre Führungsaufgaben mit Überzeugung und überzeugend wahrnehmen zu können. Oft ist es als Projektleiter schwierig, seinen Einfluss geltend zu machen. Besonders dann, wenn das Projektdesign bereits steht und nun „nur noch" nach einem Leiter gesucht wird. Natürlich ist es nicht einfach, dieses Amt abzulehnen, wenn Sie Ihr Vorgesetzter auf eine solche Leitungsposition setzen will. Wenn Sie in einer solchen Situation nicht zugreifen, kann Ihnen das als Angst vor der Verantwortung und mangelndes Selbstvertrauen ausgelegt werden.

Machen Sie Ihren Standpunkt deutlich

Lassen Sie sich in so einer Situation nicht unter Druck setzen. Bestehen Sie darauf, die Ziele und die Erfolgskriterien Schritt für Schritt mit denen durchzugehen, die Ihnen die Aufgabe übertragen wollen. Geben Sie ihnen Feedback und machen Sie deutlich, in welchen Punkten und warum Ihre Vorstellungen abweichen, selbst wenn Sie bereits festgeschriebene Ziele kurzfristig nicht ändern können.

Wenn möglich, sollten die Zieldefinition und die Bestimmung der Erfolgskriterien selbst Teilaufgaben im Projekt sein. Dann können Sie als Projektleiter die Ziele mitgestalten. Diese sollten realistisch, klar definiert und messbar sein. Setzen Sie Ziele auch immer in Zusammenhang mit den zur Verfügung stehenden Ressourcen und dem Zeitplan.

Ressourcen sichern und einsetzen

Das Thema Ressourcen steht ganz oben auf der Agenda eines Projektleiters, vor Projektbeginn und immer wieder im Projektverlauf.

- Wie viele Stunden und in welchen Zeitintervallen stehen Ihnen die Projektmitarbeiter zur Verfügung?

- Können Sie auf Mitarbeiter zurückgreifen, die komplett von ihren Linienaufgaben freigestellt sind und Ihnen exklusiv für das Projekt zur Verfügung stehen?

- Welche Möglichkeiten haben Sie als Projektleiter, um einzugreifen, wenn Mitarbeiter überlastet sind und den Spagat zwischen Projekt- und Linienarbeit nicht schaffen?

Das sind genau die drei Fragen zum Thema Personalressourcen, die am häufigsten zu Konflikten mit den Linienvorgesetzten führen. Wenn Sie diese Konflikte austragen und lösen, achten Sie darauf, dass die Mitarbeiter selbst nicht darunter leiden. Ansonsten machen Sie deren Lage nur noch komplizierter und schaffen zusätzliche Loyalitätsprobleme, die den Projektverlauf behindern.

Andere Ressourcenprobleme sind meistens einfacher zu lösen – vorausgesetzt ein Projekt gerät nicht in ernsthafte Budgetprobleme. Das wiederum hängt eng mit Ihrer Projektvorbereitung und einem funktionierenden Projektcontrolling zusammen.

> Es ist Ihre Verantwortung als Projektleiter projektintern ein Controlling zu schaffen, das auch die Überschreitung von Teilbudgets rechtzeitig anzeigt. Etablieren Sie ein Frühwarnsystem für die Budgets und sorgen Sie für Transparenz gegenüber dem Lenkungsausschuss.

Berücksichtigen Sie bei der Planung auch weitere projektspezifische Ressourcen, wie IT-Kapazitäten oder den Einkauf von externem Know-how.

Eine gute Zeitplanung schafft Übersicht

Der Faktor Zeit ist die Komponente, die Sie mit vorausschauender Planung am einfachsten in den Griff bekommen können. Definieren Sie realistische Meilensteine und strukturieren Sie gemeinsam mit den Mitarbeitern das Projekt in sinnvolle Teilprojekte, deren Fulfillment-Status Sie einfach überwachen können.

Auf diese Weise machen Sie die Zeitplanung zu einem wirkungsvollen Instrument, mit dem Sie sich ständig Überblick über den Projektfortschritt verschaffen können. Der Zeitplan wird so zu einer Form der Projektdokumentation, mit der Sie projektinterne Probleme aufspüren und Erfolge gegenüber dem Lenkungsausschuss nachweisen können.

Warum Sie die Projektsteuerung nicht unterschätzen sollten

Als Sandwichmanager ist es wichtig, sich richtig zu positionieren. Das gilt gerade in komplexen Projekten, in denen es mehrere Teams gibt. Der Projektsteuerung kommt in diesen Fällen eine besondere Bedeutung zu. Sehr häufig müssen Sie sich die Verantwortung für die Projektsteuerung mit Kollegen aus anderen Abteilungen teilen. In diesem Steuerungsgremium, gleich ob es nun Steuerkreis, Steering Committee oder Lenkungsausschuss heißt, werden die wichtigen Entscheidungen getroffen. Hier kommen die Leiter der Teilprojekte oder der Teams zusammen, um an die übergeordnete Führungsebene zu berichten. Gegebenenfalls sind auch externe Berater anwesend. Das ist das Forum, in dem Sie die Interessen Ihres Teams vertreten.

In den Sitzungen des Steuerkreises werden die Rahmenbedingungen eines Projekts festgelegt: Finanzbudgets, die personelle Ausstattung sowie Zeitpläne und natürlich die Ziele. Hinzukommt der wichtige Faktor, dass dieses Gremium in regelmäßigen Abständen die Projektperformance bewertet und Entscheidungen darüber trifft, in welcher Form nachgesteuert werden muss. Was im Lenkungsausschuss diskutiert und beschlossen wird, hat also besondere Relevanz, weil es über den gesamten Projektverlauf Wirkung entfaltet.

Um Ihren Einfluss im Steuerungsgremium zu maximieren, sollten Sie bereits im Vorfeld drei Dinge klären:

1   Wer sind die anderen Mitglieder des Gremiums?

2   Welche Tagesordnungspunkte werden verhandelt?

3   Nach welchem Modus werden Entscheidungen gefällt?

Zu den beiden ersten Punkten können Sie bereits Vorgespräche vor einer Sitzung führen. Informieren Sie sich rechtzeitig, damit Sie in Meetings nicht von neuen Gesichtspunkten überrascht werden. Prüfen Sie darüber hinaus, welche Interessenübereinstimmungen oder -konflikte es mit anderen Mitgliedern gibt.

> In diesen Fragen können Sie von geschickten Diplomaten lernen: Sie klären die wichtigen Fragen, bevor die eigentlichen Gespräche beginnen. Überlegen Sie sich, welche Entscheidungsträger Sie schon vor dem Projektbeginn auf dem „kleinen Dienstweg" ansprechen können.

Projektspezifische Führungsaufgaben

Ihre Führungsaufgaben sind bei Projekten ähnlich wie in anderen Arbeitszusammenhängen. Es gibt aber auch einige Unterschiede:

- Achten Sie bei der Zielformulierung darauf, dass Ziele auch eine teamübergreifende Dimension haben, die für eine Identifikation mit dem Gesamtprojekt sorgt.

Beispiel:

 Bezogen auf unser Projektbeispiel „Mehrlicht" heißt das: Es reicht nicht, nur Teilziele umzusetzen. Was nützt eine Leuchte mit dem besten Design, die technische Normen nicht erfüllt? Oder was nützt die ästhetisch und technisch perfekte Leuchte, wenn sie so teuer ist, dass der Markt sie nicht annimmt?

Darüber hinaus sollte der Projektauftrag konkret und klar definiert sein.

- Seien Sie sich außerdem bei allen Personalthemen der Tatsache bewusst, dass es für die Mitarbeiter in Projekten zu Loyalitätskonflikten kommen kann. Sie sind dann hin und hergerissen zwischen den Anforderungen des Linienvorgesetzten, der ihnen meist auf Dauer bleibt, und des temporären Projektleiters.

- Legen Sie besonderen Wert darauf, Ihre persönlichen Beziehungen zu Projektbeteiligten zu pflegen. Schließlich hängt der Projekterfolg eng mit der Kooperationsbereitschaft aller Involvierten zusammen. Nutzen Sie gerade in der Startphase Teambuilding-Maßnahmen wie Workshops oder ein Social Event. Sprechen Sie während des Projekts so oft wie möglich mit den Beteiligten. Stehen Sie auch für Einzelgespräche zur Verfügung und übernehmen Sie die Rolle des Moderators, wenn es Konflikte gibt. Nutzen Sie in Extremsituationen auch externe Coaches, Trainer oder Moderatoren.

Clever verhandeln mit dem Harvard-Konzept

Wie stark Sie den Projektverlauf beeinflussen können, ist nicht nur von guter Planung und vorausschauendem Handeln, sondern auch von Ihrem Verhandlungsgeschick abhängig. Für Linienvorgesetzte ist die Versuchung groß, in laufende Projektprozesse einzugreifen. Das werden Sie nie ganz verhindern können. Konstruktive Diskussionen, überzeugende Argumente und geschicktes Verhandeln sind in dieser Situation Ihre wesentlichen Instrumente.

Als einfache Grundregeln für das Verhandeln mit Kollegen eignen sich ganz besonders die Prinzipien des Harvard-Konzepts, einem Klassiker unter den Verhandlungsmethoden. Ziel des Harvard-Konzepts ist es, Win-win-Situationen zu schaffen, um die guten Beziehungen zwischen den Beteiligten neu zu begründen, zu erhalten oder zu festigen. Dieses Ziel sollten Sie immer als erstes anstreben. Denn was nützt es Ihnen, wenn Sie sich erfolgreich durchsetzen, aber das Verhältnis zu Ihren Kollegen beschädigen, weil diese sich „untergebuttert" fühlen? Sie müssen mit ihnen auch nach Abschluss eines Projekts weiter zusammenarbeiten. Win-win-Situationen schaffen Sie, indem Sie Verhandlungen so strukturieren, dass alle Beteiligten einen Vorteil aus ihnen ziehen können.

Die vier Grundprinzipien des Harvard-Konzepts lauten:

1   Personen- und Sachfragen werden voneinander getrennt.

2   Gegenstand der Verhandlungen sind Interessen und nicht Positionen.

3   Ein Zwischenziel von Verhandlungen ist es, Entscheidungsmöglichkeiten zu entwickeln.

4   Die Beteiligten müssen sich auf objektive Bewertungskriterien einigen, um über Interessenkonflikte zu entscheiden.

Prinzip 1: Trennen Sie Personen- von Sachfragen

Das erste Prinzip ist zwar einfach zu verstehen, aber schwer zu beherzigen. Eigentlich ist uns allen klar, dass es um die Sache gehen sollte und dass Diskussionen über Personen – die oft mit persönlichen Befindlichkeiten zusammenhängen – Problemlösungen häufig im Weg stehen. Dennoch fällt die Trennung zwischen Personen- und Sachebene oft schwer, auch wenn sie eine Chance ist, Konflikte gar nicht erst entstehen zu lassen. Wenn Sie persönliche Beweggründe außen vor lassen und sich auf inhaltliche Themen konzentrieren, trägt das dazu bei, Emotionen aus der Diskussion herauszuhalten und die Kommunikation zu vereinfachen.

Dabei ist es wichtig zu verstehen, dass auch Personalfragen Sachfragen sind. Das heißt, wenn im Projektkontext darüber diskutiert wird, wer welche Aufgaben übernehmen soll, ist das ein inhaltliches Thema.

Beispiel:

 Wenn es also beim Projekt von „Mehrlicht" darum geht, dass zwei Teammitglieder ständig aneinandergeraten, weil sie ihre Aufgaben nicht voneinander abgrenzen können, ist das ein Sachproblem, dass Sie als Projektleiter durch eine einfache inhaltliche Entscheidung lösen können. Wenn der Streit aber eher in der fehlenden persönlichen Chemie zwischen den beiden begründet ist, müssen Sie unter Umständen die Linienvorgesetzten hinzuziehen.

Prinzip 2: Definieren Sie Ihre Interessen

Interessen und Positionen sind zwei verschiedene Dinge, die viele Diskussionsteilnehmer jedoch nicht voneinander unterscheiden können. Besonders wenn es hitzig wird, versteifen sie sich auf ihre Positionen, anstatt über ihre dahinterstehenden Interessen nachzudenken.

Beispiel:

 Zwei Abteilungen streiten hartnäckig darüber, wer das neue Büro bekommen soll. Beide vertreten die Position, dass ihnen der neue Raum zustünde. Eine Lösung des Konflikts scheint unmöglich. Der Bereichsleiter fordert die beiden Parteien auf, genauer zu formulieren, was sie eigentlich mit dem Büro machen wollen. Jetzt stellt sich Erstaunliches heraus: Keine der beiden Abteilungen ist wirklich an einem neuen Büro interessiert. Die eine braucht lediglich Raum für einen zusätzlichen Arbeitsplatz, während die andere das Büro vor allem wegen des Computerequipments in Beschlag nehmen will, das Teil einer neuen Büroausstattung ist.

Dieses Beispiel zeigt, dass Positionen und Interessen sich deutlich voneinander unterscheiden können. Und dass erst in dem Moment, in dem das sichtbar wird, die Voraussetzungen für sinnvolles Verhandeln geschaffen sind, weil sich erst dann das Ausmaß des Interessenkonflikts bestimmen lässt. Versuchen Sie also die Interessen hinter den Positionen zu bestimmen.

Prinzip 3: Erweitern Sie Ihre Optionen

Dieser Punkt hängt eng mit dem Prinzip 2 zusammen. Wer einerseits nur seine Ausgangsposition im Blick hat und sich andererseits auf ein vordefiniertes Ziel festlegt, lässt keinen

Raum mehr für Win-win-Situationen, bei denen jeder einen Vorteil erzielen kann. Er schneidet sich dann den Weg ab, um andere Entscheidungsoptionen zu entwickeln. Das fördert die Gefahr, Meinungsverschiedenheiten als ein Nullsummenspiel wahrzunehmen. Dann verhärten sich die Fronten und jede Partei glaubt, nur auf Kosten der anderen gewinnen zu können.

Die wichtigste Strategie gegen eine solche Einengung der Situation ist es, nach gemeinsamen Interessen Ausschau zu halten und so Entscheidungsalternativen zu entwickeln. Suchen Sie gemeinsam mit Ihren Kollegen nach neuen Optionen, die bestehende Interessenkonflikte beseitigen oder zumindest verkleinern. Neue Optionen schaffen auch Raum für Kompromisse, in denen nicht jeder alle seine Interessen durchsetzt, sondern die Parteien mit Teilerfolgen zufrieden sein können.

Beispiel:

Im „Mehrlicht"-Projekt kocht immer wieder ein Konflikt zwischen dem kaufmännischen Team und dem Technikteam hoch. Die Kaufleute pochen hartnäckig auf Kostenargumente, während die Techniker auf DIN-Normen und Sicherheitsvorschriften verweisen, deren Umsetzung Geld verschlingt. Das Problem: Die Produktlinie wird dadurch in der Entwicklung zu teuer. Dann bringt der Leiter des kaufmännischen Teams, Herr Lohse, eine neue Variante ins Spiel: Kosteneinsparungen sind auch durch die Begrenzung der Produktvarianten möglich.

Prinzip 4: Nutzen Sie objektive Bewertungskriterien

Wenn in einer Projekt- oder Teambesprechung ein Konflikt aufkommt, fällt es meist schwer, objektiv zu bleiben. Eine gute Möglichkeit, um gemeinsam zu einer konstruktiven Lösung zu kommen, ist es, sich auf objektive Bewertungskriterien für die Ergebnisse zu einigen, die durch die verschiedenen Entscheidungsmöglichkeiten erreicht werden können. Konkret gesagt: Verständigen Sie sich darüber, welche Maßstäbe Sie anlegen wollen, um ein Ergebnis zu bewerten. Suchen Sie auch nach Möglichkeiten, die Ergebnisse messbar zu machen: Wie hoch sind finanzielle Einsparungen, eine Zeitersparnis oder das Produktivitätsplus, die sich durch eine Lösungsvariante ergeben? Was sind messbare Indikatoren für Verbesserungen, wenn es um qualitative Aspekte geht?

Die Projektbeteiligten müssen sich darauf verständigen, nach welchen Maßstäben sie Lösungsalternativen bewerten wollen.

Beispiel:

 Bei den neuen „Mehrlicht"-Produkten gibt es technische Gesichtspunkte, die schlicht nicht verhandelbar sind, wie z.B. Sicherheitsvorschriften. Anders liegt der Fall, wenn Leuchtstärke oder Stromverbrauch gegeneinander abgewogen werden sollen. Hier könnten Kundenpräferenzen die entscheidenden Kriterien sein, die sich durch Befragungen nachweisen lassen.

Einfluss in Projekten ist nur bedingt eine Frage von formellen Entscheidungskompetenzen. Viel wichtiger sind Kooperationsbereitschaft und Kommunikation. In Projekten ist grundsätzlich eine partizipativere Entscheidungsfindung gefragt als in klassischen Vorgesetzter-Mitarbeiter-Strukturen.

Gemeinsam Interessen durchsetzen

Projekte erleichtern die Fokussierung auf gemeinsame Ziele. Da Projekte in der Regel abteilungsübergreifend organisiert sind, kommt es zwischen Kollegen auf Kooperation an. Konkurrenz hindert dagegen den Projekterfolg. Genau dieser Grundgedanke der Projektarbeit erleichtert deshalb auch die Formierung gemeinsamer Interessen.

Was treibt Ihre Kollegen an?

Mit Ihren Kollegen stehen Sie in Kooperation, um gemeinsam Unternehmensziele zu erreichen, aber auch in Konkurrenz um den Aufstieg in die nächsthöhere Managementebene, mehr Macht und Einfluss im Unternehmen. Konkurrenz und Kooperation stehen miteinander im Spannungsverhältnis.

Beispiel:

Sie sitzen in einem Meeting mit Ihrer Bereichsleiterin und deren Team, Ihren „Sandwich-Kollegen" also. Sie lehnen sich zurück und betrachten Ihre Kollegen. Die Herrmann schätzen Sie, sie legt eine hohe Fachkompetenz an den Tag, liefert pünktlich beste Qualität. Manchmal wirkt sie etwas distanziert. Für die Politik im Unternehmen oder persönliche Befindlichkeiten ihrer Mitarbeiter interessiert sie sich kaum. Ganz anders der Maurig, die gute Seele. Er fördert den Teamzusammenhalt und teilt großzügig sein Wissen als Primus inter Pares in seinem Trupp. Aber wehe, man kritisiert ihn mal, dann wird es schwierig! Am meisten Gegenwind für Ihren Aufstieg erwarten Sie von der Hertauer. Sie hat eine unglaubliche Energie, ist ein Arbeitstier, trägt Verantwortung auch für andere und reißt was mit ihren Leuten. In ihrem Windschatten kommt man bestens vorwärts. Aber wehe, man will sich selbst an die Spitze hängen! Mit einem untrüg-

lichen Gespür für das Machtgefüge im Unternehmen duldet sie
kein zweites Alphatier neben sich. Kein Wunder, dass ihr bester
Mitarbeiter überlegt zu gehen.

Dieses Beispiel zeigt das Spannungsfeld zwischen Konkurrenz
und Kooperation, wenn sich Kollegen auf einer Ebene befinden. Sie wollen mit Ihren Kollegen für das Unternehmen an
einem Strang und gleichzeitig irgendwann im Sinne Ihrer
persönlichen Karriere an ihnen vorbeiziehen, zumindest an
dem ein oder anderen.

Das Modell der dreifachen Motivation des Psychologen David
McClelland unterscheidet drei Haltungen, die Menschen an-
treiben:

- beziehungsorientiert
- ergebnisorientiert
- einflussorientiert

Die meisten Menschen finden sich in ein bis zwei dieser
bevorzugten Haltungen wieder. Für sich selbst und Ihre Kollegen reflektiert, kann Ihnen das interessante Aufschlüsse
darüber geben, wie Sie andere für eine gemeinsame Sache
bzw. Zielsetzung gewinnen und ins Boot holen können, ob Sie
sich auf gute Weise ergänzen oder eher in Konkurrenz zuei-
nander geraten. Auch im Hinblick auf Ihre Vorgesetzten und
Ihre Mitarbeiter können Sie dieses Modell anwenden. Hier
eine Übersicht zum Modell der dreifachen Motivation:

Der Beziehungsorientierte

Was seine Energie stimuliert	Herzliche persönliche Beziehungen
Dieser Typus will ...	▪ Teil eines Teams sein ▪ akzeptiert und geschätzt werden ▪ keine Konflikte, Harmonie
Was Sie bei ihm vermeiden sollten	▪ Unregelmäßigen Kontakt ▪ Isolieren, Kommunikation unterbinden ▪ Zu kritisch, abrupt oder kühl sein
Wie Sie seine Motivation anregen können	▪ Interesse an seinem Befinden zeigen ▪ Informationen teilen ▪ Sozialen Kontakt, Wirgefühl herstellen ▪ Seine Rolle im Team wertschätzen

Der Ergebnisorientierte

Was seine Energie stimuliert	Leistung: eine Aufgabe möglichst gut oder überdurchschnittlich zu erledigen
Dieser Typus will ...	▪ einen bedeutsamen Beitrag leisten ▪ die Standards erreichen oder übertreffen ▪ mit anderen zielführend konkurrieren ▪ eigene Karriereziele verwirklichen

Was Sie bei ihm vermeiden sollten	<ul><li>Sporadische, unstrukturierte Meetings</li><li>Unklarheit über Ziele</li><li>Unregelmäßige Rückmeldung zur Leistung</li><li>Überflüssige Supervision</li></ul>
Wie Sie seine Motivation anregen können	<ul><li>Ziele setzen und vereinbaren mit messbaren Leistungsstandards</li><li>Ergebnisorientiert sein</li><li>Systematisches Arbeiten mit Plänen</li><li>Leistung regelmäßig überprüfen</li><li>Optimieren der persönlichen Leistungen</li></ul>

Der Einflussorientierte

Was seine Energie stimuliert	Macht und Kontrolle, um zu beeinflussen oder zu beeindrucken
Dieser Typus will ...	<ul><li>Kontrolle, um andere zu beeinflussen</li><li>andere anführen</li><li>über Status und Position anerkannt werden</li><li>seine Verantwortung erweitern</li></ul>
Was Sie bei ihm vermeiden sollten	<ul><li>Ihn von Ihrer Entscheidungsfindung ausschließen</li><li>Verantwortung zurückhalten</li><li>Autoritär mit ihm umgehen</li><li>Ihn selbst oder seine Position abwerten</li></ul>

Wie Sie seine Motivation anregen können	▪ Verantwortung übertragen
	▪ Ihm eine wichtige Rolle geben und diese von anderen anerkennen lassen
	▪ Auf seinen Einfluss hinweisen
	▪ Ihn über wichtige Dinge informieren
	▪ Seine Meinung einholen
	▪ Seine Ideen vortragen lassen
	▪ Ansehen für Erfolge zugestehen

Auch wenn die Tabelle nur ein Schema ist, veranschaulicht sie doch ganz gut, was den einzelnen Typen besonders wichtig ist. Sie erkennen damit, wie Sie andere für ein Vorhaben gewinnen und damit motivieren können.

Beispiel:

Wendet man das Schema auf das Beispiel oben an, führt dies zu folgendem Ergebnis:

Die Kollegin Herrmann ist ergebnisorientiert.

Der Kollege Maurig ist beziehungsorientiert.

Frau Hertauer ist einflussorientiert.

Gemeinsam sind wir stark: Wie Sie den Einfluss von unten nach oben stärken

Die Mitte eines Unternehmens ist breit und hat großen Einfluss auf das Geschehen im Unternehmen – zumindest, wenn sie das nutzt und sich in einem Netzwerk zusammenschließt. Suchen Sie also Allianzen auf Kollegenebene, um die eigenen Interessen so gut wie möglich durchzusetzen. Tun Sie das nicht, stehen Sie öfter alleine da, wenden womöglich Unmengen von Energie für wenig tragfähige Veränderungen auf und/oder resignieren schneller. Mit Gleichgesinnten arbeitet es sich leichter und erfolgreicher.

Wie bekommen Sie die Kollegen, eventuell auch aus anderen Abteilungen, mit ins Boot, um dann gemeinsam den Vorgesetzten zu überzeugen?

Gerade in Veränderungsprojekten ist, wenn alle Kollegen an einem Strang ziehen, ein stärkerer Einfluss von unten nach oben möglich. Da Projekte Hierarchien zumindest zum Teil auflösen, geben sie auch der mittleren Managementebene eine stärkere Zugriffsmöglichkeit auf übergeordnete Prozesse. Das geschieht an herausgehobener Stelle innerhalb der Steuerungsgremien, in denen Sie und Ihre Kollegen ein Mitspracherecht und Entscheidungskompetenzen haben.

Beispiel:

Das Projektteam „Mehrlicht" hat einen Durchbruch erzielt. Die drei Teams Design, Technik und das Kaufmannsteam haben einen konkreten Vorschlag für eine neue Produktlinie erarbeitet. Nachdem Sie und die drei Teamleiter im Lenkungsausschuss die Ergebnisse vorgestellt haben, erhält die bewährte Vierergruppe einen neuen Auftrag: Sie soll gemeinsam mit der technischen Betriebsleitung einen Maßnahmenkatalog für die Einrichtung einer neuen Fertigungslinie erarbeiten. Bisher hatte dies immer die Fertigungsabteilung in Eigenregie getan.

Sie können gemeinsam mit anderen Führungskräften Ihrer Ebene ein Projekt auch nutzen, um Interessenkoalitionen zu schmieden. Schnittstellenprobleme zwischen Abteilungen und der übergeordneten Unternehmensebene sind meist nicht nur die Probleme einer Abteilung, sondern sie haben oft strukturelle Ursachen. Zu den häufigsten Konflikten zwischen Ebenen gehören z. B. Reportingvorgaben oder Zeitpläne. Wenn Sie hier Interessenübereinstimmungen mit Führungskräften anderer Abteilungen geschickt managen, können Sie Veränderungen anstoßen, die auch über das eigentliche Projekt hinaus wirken.

Unser Beispielprojektteam, das bei der Leuchtentwicklung so erfolgreich war, könnte z. B. eine neue Best Practice begründen, wenn es seine Vorgehensweise im Projekt dokumentiert. Eine gründliche Projektdokumentation ist eine wichtige Möglichkeit, damit Wissen nicht verloren geht: Das bezieht sich eben nicht nur auf die Ergebnisse, sondern auch auf die im Projekt verwendeten Instrumente oder Prozesse. Das kann von Kreativitätstechniken über die Nutzung einer neuen Software zur Visualisierung bis hin zu veränderten Kriterien für die Besetzung von Projektteams reichen.

Kooperation statt Konkurrenz

Diskussionen um das potenziell konfliktträchtige Thema Ressourcen müssen nicht notwendig von Konkurrenzdenken bestimmt sein. Wenn sich die mittlere Ebene im Vorfeld abstimmt und Interessenkonflikte und Interessenübereinstimmungen klar gemeinsam herausarbeitet, kann es vielleicht gelingen, eine Erhöhung der jeweiligen Projektressourcen zu erreichen. Führung ist in diesen Situationen nicht eine individuelle Angelegenheit, sondern bezieht sich auf eine Gruppe von Führungskräften, die gemeinsame, abteilungsübergreifende Interessen vertreten.

Betrachten Sie die Projektarbeit einmal über längere Zeit und aus der Vogelperspektive. Die wichtigste Erkenntnis ist: Wenn das eine Projekt vorbei ist, folgt in absehbarer Zeit das nächste. Das heißt, dass Sie und Ihre Kollegen in unterschiedlicher Konstellation und zu unterschiedlichen Projektthemen immer wieder zusammenarbeiten werden. Aus dieser Perspektive wird die Projektarbeit zu einem Geben und Nehmen. Wenn Sie im aktuellen Projekt die Position des Teamleiters stützen und ihm den Rücken stärken, damit er noch ein zusätzliches Teammitglied bewilligt bekommt, dann nützt das dem laufenden Projekt und Sie selbst können vielleicht im nächsten Projekt in einer ähnlichen Situation profitieren.

Linie schlägt Projekt: Ist das wirklich so?

Im Projektalltag gibt es zahlreiche Stolpersteine, über die auch erfahrene Projektleiter mit ziemlicher Regelmäßigkeit fallen. Manchmal werden sie uns bewusst von anderen in den Weg gelegt, ab und zu rollen wir sie selbst vor uns her.

Wenn Mitarbeiter zwischen Linie und Projekt zerrieben werden

Geteilte Führung und das Wechseln zwischen verschiedenen Rollen machen das Wesen der Projektarbeit aus. Wagen Sie den Perspektivwechsel und versetzen Sie sich einmal in die Situation eines Mitarbeiters hinein. Projektmitarbeiter sind besonders gefordert: Sie müssen sich einerseits auf unterschiedliche Führungsstile einstellen und andererseits auch wechselnden Rollenprofilen gerecht werden.

Aus Sicht des Mitarbeiters ist ein realistisches Zeitbudget für die Projektarbeit einer der wichtigsten Gesichtspunkte. Wenn Sie Projektleiter oder Teamleiter sind, vergegenwärtigen Sie sich, dass für viele Mitarbeiter neben der Projektarbeit die „normalen" Aufgaben ihres Berufsalltags weiterlaufen. Nur die wenigsten werden für ein Projekt von ihrer eigentlichen Arbeit freigestellt. Das ist bei der Projektplanung unbedingt zu berücksichtigen. Projektmitarbeiter sollten, insbesondere bei zeit- und arbeitsintensiver Projektarbeit in ihrer Linienfunktion entlastet werden. Das sind jedoch genau die Punkte, die häufig in der Abstimmung mit den Linienvorgesetzten zu Konflikten führen. Sie haben den Mitarbeiter ebenfalls für Arbeiten eingeplant. Greift ein anderer auf ihn zu, kommen Sie in Schwierigkeiten. All das führt zu einer Gemengelage, die sich nicht so einfach lösen lässt.

In jedem Fall gilt: Wenn Sie Projektverantwortung tragen, sollten Sie die angemessene Belastung der Projektmitarbeiter zu einer Ihrer Prioritäten machen. Unter einer Überlastung werden Projekt und Alltagsarbeit gleichermaßen leiden. Lassen Sie es nicht zu einer Situation kommen, in der Mitarbeiter zwischen ihren Alltagsaufgaben und ihren Projektaufgaben wählen müssen, weil diese zeitlich nicht allesamt zu bewältigen sind. Klären Sie Arbeitsabläufe und Zeitpläne am besten direkt mit dem Linienvorgesetzten ab. Fungieren Sie, wenn es notwendig ist, auch als Puffer zwischen Mitarbeiter und Vorgesetztem.

Wenn ein Kollege Mitarbeiter für seine Zwecke vom Projekt abzieht

Die Arbeitskraft der Projektmitarbeiter ist die wichtigste Ressource in einem Projekt. Immer wieder werden Sie als Projektleiter vor dem Problem stehen, dass Ihre Kollegen in ihrer Rolle als Linienvorgesetzte versuchen, Mitarbeiter für ihre eigenen Zwecke einzusetzen – mit der unangenehmen Folge, dass diese dann zeitweise nicht für die Projektarbeit zur Verfügung stehen.

Beispiel:

> Im Projekt „Mehrlicht" brennt es gerade lichterloh. Herr Feger, der Leiter des Technikteams, ist sauer. Der Mitarbeiter des Technikteams, der für die Programmierung von Simulationen zuständig ist, soll ihm in den kommenden beiden Wochen nur drei statt der eingeplanten vier Tage zur Verfügung stehen. Herr Wiemer, der Leiter der Unternehmens-IT hat den Mitarbeiter abgezogen, weil er ihn dringend braucht. Herr Feger erwartet von Ihnen, dass Sie das Problem lösen. Schließlich sind Sie der Projektleiter. Falls Ihnen das nicht gelingt, das sagt Herr Feger klipp und klar, fühlt er sich nicht mehr an den vereinbarten Zeitplan gebunden.

Und nun? Herr Wiemer hat durch sein eigenmächtiges Vorgehen das Projekt und damit auch Sie als Verantwortlichen in eine schwierige Lage gebracht. Mit ihm müssen Sie sich in erster Linie auseinandersetzen. Mit Herrn Feger, der Sie auf das Problem aufmerksam gemacht hat, besteht kein Konflikt. Herr Feger ist im Recht, wenn er erwartet, dass Sie als Projektleiter das Problem lösen.

Ihr erster Ansprechpartner ist also Herr Wiemer. Mit ihm haben Sie nicht nur ein, sondern genau genommen sogar zwei

Konflikthemen: Er hat Sie bei seiner Entscheidung, den Mitarbeiter abzuziehen, übergangen und er hat in das Projekt eingegriffen. Eine solche Auseinandersetzung verläuft in vorhersehbaren Bahnen. Herr Wiemer wird Sie daran erinnern, dass er der Vorgesetzte des IT-Mitarbeiters ist und dass er diesen dringend braucht. Darauf können Sie entgegnen, dass Sie der Projektleiter sind und dass es für die Abstellung von Projektmitarbeitern klare Regeln gibt. Das wird Herrn Wiemer wahrscheinlich wenig beeindrucken, schließlich hat er Sie ganz bewusst übergangen.

Wägen Sie die Folgen Ihres Handelns ab

Als Projektleiter haben Sie jetzt drei Möglichkeiten.

- Sie können versuchen, für den Mitarbeiter Ersatz zu finden, und den Linienvorgesetzten darauf hinweisen, Sie nicht noch einmal zu übergehen.
- Sie können versuchen, gemeinsam mit ihm eine Lösung zu finden, von der beide profitieren.
- Sie können den Fall an den übergeordneten Lenkungsausschuss und den Vorgesetzten des anderen eskalieren, mit der Bitte, die Freigabe des Mitarbeiters anzuordnen.

Die erste Option ist keine, die Sie in Erwägung ziehen sollten. Wenn Sie so handeln, haben Sie Ihre Glaubwürdigkeit als Projektleiter schwer beschädigt. Der andere wird Sie in Zukunft nicht mehr ernst nehmen. Außerdem ziehen Sie so die Verbindlichkeit aller Projektvereinbarungen in Zweifel. Und darüber hinaus laufen Sie Gefahr, dass andere Kollegen mit Ihren Mitarbeitern genauso verfahren.

Maßstab ist immer der Projekterfolg

Natürlich sollten Sie das Gespräch mit dem Linienvorgesetzten suchen und sich auch fragen, wie eine für beide Seiten befriedigende Lösung aussehen könnte. Sie sollten sich jedoch immer bewusst sein, dass Ihr Maßstab der Projekterfolg ist. Sie müssen sich fragen, ob Sie sinnvolle Lösungsoptionen haben, um diese dann auszuloten. Wenn Sie sich dann entscheiden, den Konflikt auszutragen und ihn zu diesem Zweck auch in der Hierarchie noch oben weiterzugeben, können Sie einen gewichtigen Vorteil für sich in Anspruch nehmen: Ihr Kollege hat eindeutig gegen vereinbarte Regeln verstoßen. Bevor Sie den Konflikt eskalieren lassen, schätzen Sie ab, wie wichtig das Projekt und die Rolle des Mitarbeiters für den planmäßigen Verlauf im Vergleich zu seiner normalen Arbeit sind. Wenn die reguläre Arbeit wichtiger ist, kann es passieren, dass Sie keine Rückendeckung von oben bekommen. Aber selbst dann können Sie für Ihr Projekt einen adäquaten Ersatz fordern, wenn Sie beharrlich sind.

Im Beispiel spricht vieles dafür, nicht einen weichen Kompromiss zu suchen, sondern den Konflikt zu wagen. Das ist schließlich ein Merkmal eines guten Sandwichmanagers: Konflikte, die es wert sind, bewusst auszutragen.

Schneller zum Ziel durch Networking

Networking ist eine effektive Methode, um Projekte schneller voranzubringen, und auch, um Ihre eigene Rolle als Führungskraft zu stärken. Indem Sie sich vernetzen, vor allem mit Kollegen, stärken Sie persönliche Verbindungen, erweitern den Kreis Ihrer beruflichen Beziehungen und verbessern so Ihre Möglichkeiten, mit anderen Problemlösungen auszuhandeln. Ein gutes Netzwerk unter Kollegen bewahrt Sie davor, von wichtigen Informationen abgeschnitten zu werden. Es gibt Ihnen die Möglichkeit, wichtige Fragen informell zu klären und schnell auf Wissen und weitere Kontakte zurückzugreifen, wenn Sie sie benötigen. Sicher wird es auch Kollegen geben, für die der Konkurrenzgedanke im Vordergrund steht und die sich lieber als Einzelkämpfer durchschlagen. Das Einzelkämpferdasein ist aber vor allem eines: anstrengend.

Darüber hinaus schaffen Sie mit einem guten Networking neue Anknüpfungspunkte auch über Ihr Unternehmen hinaus, wenn in Projekte Kunden, Zulieferer oder andere Externe eingebunden sind.

Effektives Networking hat nichts damit zu tun, möglichst viele Visitenkarten zu sammeln. Wahres Netzwerken ist das Knüpfen von Kontakten, die Ihnen und Ihrem Unternehmen professionellen Nutzen bringen. Deshalb sollten Sie nicht wahllos Kontakt suchen, sondern beim Networking eine Strategie verfolgen. Menschen, die Sie zum Teil Ihres Netzwerks machen wollen, sollten Sie nach folgenden Kriterien auswählen.

Checkliste: Ist ein Kontakt von Nutzen?	✓
Er hat eine wichtige Position oder Funktion inne, die Einfluss auf meine Arbeit hat.	
Er hat innerhalb des Projekts ähnliche Ziele und Interessen wie ich.	
Er verfügt über Informationen und Kompetenzen, die für meine Arbeit von Bedeutung sind.	
Er hat Zugriff auf Ressourcen, die für mich nützlich sein können.	

Networking ist eine Möglichkeit, um Projektabläufe zu beschleunigen, Wege zu verkürzen, und um Konflikten vorzubeugen oder sie schneller auszuräumen. Gleichzeitig bietet Ihnen gelungenes Networking langfristig gesehen auch die Möglichkeit, Kontakte zu etablieren, die Ihnen über ein eigentliches Projekt oder sogar über Ihre jetzige Tätigkeit hinaus nützlich sein können. Networking ist ein Geben und Nehmen. Sie werden nur dann erfolgreich ein Netzwerk aufbauen können, wenn Sie für die anderen Netzwerkpartner auch etwas Interessantes zu bieten haben. Überlegen Sie sich, wie Sie Ihre Kontakte pflegen. Dabei kommt es nicht so sehr auf die Kontakthäufigkeit, sondern auf qualitative Aspekte an. Besprechen Sie inhaltliche Themen oder hat die Kontaktpflege eher eine soziale Funktion? Geht es eher um den Austausch von Informationen oder um gemeinsames Arbeiten? Wie eng oder wie weitmaschig Ihr Netzwerk geknüpft ist, bestimmen Sie nicht alleine, sondern in Verbindung mit den Netzwerkpartnern.

Social Media können Sie darin unterstützen, Netzwerke zu bilden und aufrechtzuerhalten. Wählen Sie eine gute Mischung. Je enger und verbindlicher der Kontakt sein soll, desto wichtiger sind persönliche und personalisierte Kontakte.

Flexibilität ist eines der Grundmerkmale des Networking. Je nach Anlass oder Anforderung kann seine Intensität höher oder niedriger sein.

Auf einen Blick: Die Kollegen führen

- Die Kollegen, die mit Ihnen auf derselben Hierarchieebene stehen, sollten Sie weniger als Konkurrenten denn als Kooperationspartner sehen. Kämpfen Sie alleine, geht Ihnen irgendwann die Puste aus.

- Wie so oft gilt auch für die Manager der Mitte: Nur gemeinsam sind sie richtig stark. Um nach oben Innovationen durchzusetzen, von denen alle Kollegen profitieren, gilt es daher an einem Strang zu ziehen.

- Um den Balanceakt zwischen Konkurrenz und Kooperation gut zu meistern, sollte man geschickt, konstruktiv und kreativ verhandeln.

- Nur wer gut im Unternehmen vernetzt ist und sein Netzwerk pflegt, kann auch in schwierigen Situationen auf die Hilfe seiner Verbündeten zählen.

Die Vorgesetzten führen

Wie bekommen Sie Ihren Chef dazu, dass er das macht, was Sie wollen? Wenn Sie es geschickt anstellen, dann funktioniert Führung nicht nur nach unten, sondern auch nach oben.

In diesem Kapitel erfahren Sie u.a.,

- warum Vertrauen das A und O für eine gute Zusammenarbeit ist,
- wie Sie Ihren Vorgesetzten typgerecht führen,
- wie Sie konstruktiv Nein sagen,
- was Sie tun können, wenn der Vorgesetzte Ihre Erfolge zu seinen eigenen macht.

Die Basis guter Zusammenarbeit: Vertrauen

Den eigenen Chef führen – das klingt wie der unerfüllbare Traum eines jeden Sandwichmanagers. Der Vorgesetztenstatus und die per Definition hierarchische Beziehung zwischen Ihnen und Ihrem Chef scheinen dem sehr enge Grenzen zu setzen. Ihr Vorgesetzter kann Ihnen Weisungen erteilen, er kann disziplinarische Maßnahmen aussprechen usw. – umgekehrt ist das nicht möglich. Wenn Sie Ihren Chef führen wollen, setzt das Ihre Bereitschaft voraus, auf ihn einzugehen, ihn durch natürliche Autorität zu lenken und ihm vor allem auch die Vorteile der Führung von unten deutlich zu machen.

Diese Art von Führung hat nichts mit einem Kräftemessen zu tun. Denken Sie einmal an die Beziehung zwischen Pferd und Reiter. Das Pferd ist dem Reiter in jeder Situation kräftemäßig weit überlegen. Trotzdem wird das Tier dem Reiter bereitwillig folgen, wenn er Autorität ausstrahlt, klare Anweisungen durch seine Hilfen mit Gewicht, Beindruck und Zügel gibt und sich, das ist am wichtigsten, einfühlsam zeigt. Hochinteressant sind deshalb Führungsseminare mit Pferden. Hier lernen die Teilnehmer, dass eine gelungene Reitlektion eine gemeinsame Leistung von Pferd und Reiter und – übertragen auf den Berufsalltag – ein erfolgreiches Projekt das Gemeinschaftswerk von Führenden und Geführten ist. Führung funktioniert durch Ausstrahlung, Klarheit und vorausschauendes Agieren. Ein Reiter, der Unsicherheit zeigt und das Tier mit Ziehen am Zügel oder ruckartigen Befehlen überfällt, macht aus einem an sich gutmütigen Pferd schnell ein störrisches Maultier.

Offensichtlich wirken also nicht nur Chefs auf ihre Mitarbeiter ein. Ebenso beeinflussen und lenken Geführte ihre Führer. Mehr als Ihnen und vielleicht auch ihm bewusst sein mag, steuern Sie Ihren Vorgesetzten in bestimmte Richtungen. Das sollten Sie nicht verdeckt manipulativ, sondern transparent, zum Gespräch bereit und mit guten Argumenten tun.

Führen heißt zusammenarbeiten

Wenn Sie Ihren Vorgesetzten führen wollen, setzt sich Ihre Führungsarbeit aus mehreren Tätigkeiten zusammen:

- Sie bereiten Entscheidungen vor.
- Sie koordinieren unterschiedliche Aufgaben.
- Sie geben Feedback.
- Sie reduzieren Komplexität, indem Sie sich um die Details kümmern.

Indem Sie diese Tätigkeiten wahrnehmen, erleichtern Sie Ihrem Vorgesetzten seine Arbeit. Genau diese Nützlichkeitserwägung sollten Sie zu einer wichtigen Richtschnur Ihres Handelns machen: Je mehr Ihr Chef von Ihrer Führungsarbeit profitiert und je größer sein Vertrauen in Sie ist, umso bereitwilliger wird er sich von Ihnen lenken lassen. Der gegenseitige Nutzen ist die Motivation, um ein wechselseitiges Führungsverhältnis aufzubauen. Gegenseitiges Vertrauen ist das Fundament, auf dem diese Beziehung begründet werden muss.

Wie man Vertrauen gewinnt

Wie viel Verantwortung Sie übernehmen und über wie viel Entscheidungsfreiheit Sie verfügen, ist im Grundsatz eine Frage des Vertrauens: einerseits des Vertrauens, das Ihnen Ihr Chef entgegenbringt, aber andererseits auch des Vertrauens, das Sie in Ihren Chef setzen.

Auch Sie selbst werden nur dann bereit sein, Eigenverantwortung zu übernehmen, wenn Ihr Chef sich als vertrauenswürdig erweist. Verantwortung zu übernehmen, bedeutet schließlich auch, für Fehler und eventuelle negative Konsequenzen einzustehen. Das setzt gegenseitige Offenheit und Ehrlichkeit voraus. Ein vertrauenswürdiger Vorgesetzter

- respektiert Ihren abgesteckten Kompetenzbereich und greift nicht willkürlich in ihn ein,

- zieht zuvor definierte Ziele als Leistungsmaßstab heran und verändert diese nicht ohne Absprache,

- spricht Lob und Kritik maßvoll und transparent aus,

- teilt den Erfolg gemeinsamer Zusammenarbeit fair und übernimmt bei Misserfolgen Mitverantwortung.

Vertrauen wirkt in zwei Richtungen

Vertrauen wirkt nur, wenn es auf Gegenseitigkeit beruht. Sie verdienen sich das Vertrauen Ihres Chefs durch Ihre Fachkompetenz und durch die Ergebnisse, die Sie durch Ihr Handeln und das erfolgreiche Führen Ihrer Mitarbeiter nach oben liefern. Sie selbst wiederum belohnen sein Vertrauen, indem Sie

- ihn über den Verlauf und vor allem über Probleme und Rückschläge bei den Ihnen übertragenen Aufgaben ehrlich und rechtzeitig informieren,

- sein Feedback offen annehmen und ihm offen Feedback geben,

- ihn in Konfliktsituationen nicht übergehen, um sich auf einer übergeordneten Ebene grünes Licht oder Rückendeckung zu holen,

- Teilverantwortung für Misserfolge akzeptieren.

So bauen Sie zu Ihrem Chef eine vertrauensvolle Arbeitsbeziehung auf. Sie werden zu einer Vertrauensperson, mit der er Dinge bespricht, bevor er Entscheidungen trifft. Wenn Sie nicht nur der Mitarbeiter, sondern auch der Berater Ihres Vorgesetzten sind, haben Sie ein Verhältnis geschaffen, in dem die Hierarchie eine untergeordnete Rolle spielt und Kommunikation und Handeln auf Augenhöhe stattfinden.

Die Wendung „auf Augenhöhe" klingt wie eine Floskel, ist es aber nicht. Damit sind gegenseitige Akzeptanz und Wertschätzung gemeint. Und dazu gehört, dass Sie und Ihr Vorgesetzter sich die Meinung sagen können, ohne gleich das funktionierende Arbeitsverhältnis zu beschädigen. Ebenso gehört dazu, dass Sie sich über gemeinsame Ziele und eine gemeinsame Arbeitsweise verständigen. Um das zu erreichen, müssen Sie verstehen, welche Werte Ihrem Chef wichtig sind, was ihn antreibt, wie er in bestimmten Situationen reagiert – kurzum: Lernen Sie Ihren Chef als Mensch und als Führungspersönlichkeit kennen.

Lernen Sie Ihren Chef kennen

Jeder Mensch hat andere Werte, nach denen er lebt und arbeitet. Sie haben entscheidenden Einfluss auf die Art und Weise, wie jemand seine Mitarbeiter führt und wie er auf sie reagiert. Werte sind etwas sehr Grundsätzliches. Sie sind das, was ein Mensch für gut, richtig und erstrebenswert hält. Werte geben Orientierung und bestimmen das Verhalten. Gerade in der täglichen Zusammenarbeit sind es die sozialen Werte, die das Miteinander bestimmen. Wenn für Ihren Vorgesetzten Ordnung und Sorgfalt zentrale Werte sind, wird er eine andere Führungspersönlichkeit sein, als wenn Leistung und Kreativität sein Weltbild bestimmen.

Bevor Sie die Führungsbeziehung mit Ihrem Chef weiterentwickeln, sollten Sie ihn näher kennenlernen und seine Führungspersönlichkeit analysieren.

- Was motiviert Ihren Chef?

- Handelt er eher themen- oder eher menschenorientiert?

- Ist er eher detailversessen oder interessiert er sich nur für das große Ganze?

- Ist er ein prozessorientierter oder eher ein zielorientierter Manager?

- Ist sein Führungsstil eher autoritär oder eher teamorientiert?

- Organisiert er seinen eigenen Arbeitsalltag eher stark strukturiert und formell oder agiert er spontan?

Indem Sie solche Fragen beantworten, schaffen Sie sich ein klareres Bild darüber, wie Ihr Vorgesetzter arbeitet und kommuniziert, und vor allem, wie er führt.

Vielleicht haben Sie einen sehr kooperativen Chef, der Verantwortung freiwillig abgibt, Ihnen viel Freiraum lässt und Sie sogar bittet, ihn zu steuern. In diesem Fall sind Ihre Einflussmöglichkeiten offensichtlich. Aber selbst wenn Ihr Chef über einen eher autoritären Führungsstil verfügt, sich gerne einmischt und um Details kümmert, sind Sie nicht ohne Einfluss auf sein Verhalten und seine Entscheidungen. Schließlich strebt auch Ihr Vorgesetzter Erfolge an, die er nicht alleine erreichen kann. Gleich Ihren sind auch seine Befugnisse erfolgsabhängig. Bei der Erledigung der ihm übertragenen Aufgaben benötigt Ihr Vorgesetzter Ihre Kooperation und Unterstützung. Niemand ist eine Insel, auch nicht Ihr Chef.

> Gerade am Anfang der Zusammenarbeit fehlt oft die Zeit für Gespräche mit dem Chef, um ihn besser kennenzulernen. Eine gute Informationsquelle sind Mitarbeiter oder Kollegen, die schon länger mit ihm zusammenarbeiten.

Was für ein Typ ist Ihr Chef?

Um Ihren Chef effektiv zu lenken, müssen Sie zwei Gegensätze miteinander in Einklang bringen: Sie müssen sich einerseits an seinen Arbeitsstil anpassen und andererseits seine Schwächen ausgleichen.

Gerade der zweite Punkt ist immens wichtig und wird auch häufig von Vorgesetzten geschätzt. Nicht zuletzt deshalb ist es häufig der Fall, dass Führungskräfte unterschiedlicher Hierarchieebenen quasi im Tandem Karriere machen und gemeinsam die Karriereleiter emporklettern.

Eine grobe Kategorisierung ist ein guter erster Schritt, um zu analysieren, mit welchem Typ Chef Sie es zu tun haben, welche Schwächen und Stärken er hat und welche Hebel bei ihm besonders wirksam eingesetzt werden können. Eine der einflussreichsten und nützlichsten Typisierungen haben David Rooke und William R. Torbert entwickelt. Die beiden Managementexperten klassifizieren Führungskräfte nach der Handlungslogik, der ihr Verhalten folgt. Auf diese Weise unterscheiden sie sieben Cheftypen:

den Opportunisten,	den Diplomaten,
den Experten,	den Erfolgsorientierten,
den Individualisten,	den Strategen und
	den Alchemisten.

Analysieren Sie Ihren Chef mit dem Raster dieser Einteilung. Nutzen Sie es, um herauszufinden, wie Ihnen die charakteristischen Merkmale bei der Führung Ihres Vorgesetzten helfen können.

1 Der Opportunist

Der Opportunist ist ein äußerst unangenehmer Chef. Er ist vollkommen auf seinen eigenen Vorteil fokussiert. Mitarbeiter sind für ihn nur ein Mittel, um die eigenen Ziele zu erreichen.

Wie Sie diesen Typ führen können: Wenn Ihr Chef ein Opportunist ist, haben Sie als Mitarbeiter nur eine Chance: Machen Sie sich nützlich. Wenn Sie ihm helfen, seine Pläne in die Tat umzusetzen, können Sie unter günstigen Bedingungen sogar Entscheidungsfreiheit gewinnen, um Themen voranzubringen, die Ihren Chef nicht interessieren. Sie können aber nicht erwarten, dass er sich von Ihnen konstruktiv steuern lässt. Dagegen spricht seine persönliche Agenda. Außerdem wird er Ihnen in schwierigen Situationen nicht den Rücken stärken und Erfolge in jedem Fall für sich reklamieren. Wenn Sie es irgendwie verhindern können, sollten Sie nie für längere Zeit unter einem Opportunisten arbeiten.

2 Der Diplomat

Der Diplomat fühlt sich in Teamsituationen wohl. Er ist kooperativ und die Anerkennung seiner Mitarbeiter ist ihm wichtig. Er führt, indem er mit gutem Beispiel vorangeht, und legt auf die Einhaltung von Regeln und Normen großen Wert. Aufgrund seines diplomatischen Naturells ist er äußerst konfliktscheu, besonders wenn es um Auseinandersetzungen mit der übergeordneten Führungsebene geht.

Wie Sie diesen Typ führen: Unter einem solchen Vorgesetzten verfügen Sie über große Entscheidungsfreiheit. Weil der Diplomat gerne Verantwortung abgibt, haben Sie auch die Möglichkeit, ihn effektiv zu steuern, ohne dass er das als Angriff auf seine Position empfindet. Diese Art von Chef ist ideal für eine harmonische, fruchtbare Zusammenarbeit. Entscheidungen trifft er gerne im Konsens oder nach dem Mehrheitsprinzip. Gerade das können Sie nutzen, indem Sie ihm Input bei der Entscheidungsvorbereitung liefern. Seine Scheu vor Konflikten kann zum Problem werden, weil er die Interes-

sen des Teams oder der Abteilung nur unzureichend gegen-
über Dritten vertritt. Wenn Sie eine Strategie finden, um diese
Schwäche Ihres Chefs zu kompensieren, können Sie sich für
Führungsaufgaben empfehlen.

3 Der Experte

Fachwissen und Logik stehen beim Experten hoch im Kurs. Sie
sind auch seine bevorzugten Führungsinstrumente. Effizienz
ist für ihn der zentrale Wert. Er denkt analytisch und lösungs-
orientiert, ihm fehlen aber oft der Sinn für das Strategische,
der Wille zur Flexibilität und das Fingerspitzengefühl in der
Zusammenarbeit und der Kommunikation.

Wie Sie diesen Typ führen: Das Vertrauen des Experten gewinnen Sie, wenn Sie ihn durch Fachwissen, Argumente und
vor allem durch gute Ergebnisse überzeugen. Dann wird er
Ihnen auch die Möglichkeit geben, ihn zu steuern und sein
Berater bei solchen Fragen zu sein, die ihm nicht liegen und
die ihn auch nicht besonders interessieren, z. B. eine perspek-
tivische Weiterentwicklung, Firmenpolitik, Machtspiele oder
kreativer Input. Weitere Pluspunkte können Sie sammeln,
wenn Sie Konflikte verhindern oder lösen, die der Experte in
der Interaktion mit anderen durch seine Fixierung auf das
Fachliche verursacht.

4 Der Erfolgsorientierte

Der Erfolgsorientierte handelt zielbewusst und strategisch.
Sein eigenes Fortkommen ist ihm wichtig. Dabei ist er zu-
gleich häufig auch ein guter Teamleader, weil er den Vorteil

von Teams als Erfolgsfaktor anerkennt. Er ist ein fordernder Vorgesetzter, der aber Leistung fair belohnt.

Wie Sie diesen Typ führen: Erfolg durch Leistung muss Ihr Wahlspruch lauten, wenn Sie einen leistungsorientierten Chef für sich gewinnen wollen. Wenn Ihnen das gelingt, werden Sie ein gutes, stabiles Vertrauensverhältnis zu ihm aufbauen. Der Leistungsorientierte wird sich auch durchaus bereitwillig führen lassen, wenn es der Performance des Teams nützt. Die Zusammenarbeit mit so einem Vorgesetzten ist immer anstrengend, aber oft auch lohnend.

5 Der Individualist

Unkonventionell zu sein ist für den Individualisten ein Wert an sich. Damit eckt er an, bei Kollegen und auch bei Vorgesetzten, weil er sich wenig um Regeln oder im Unternehmen übliche Vorgehensweisen kümmert. Die Ergebnisse seiner kreativen, unkonventionellen Arbeitsweise werden aber geschätzt, sonst wäre er nicht in einer Führungsposition. Dass der Individualist nur schwer zu lenken ist, ergibt sich zwangsläufig aus seinem Naturell.

Wie Sie diesen Typ führen: Wenn Sie zu dem Individualisten einen Draht finden wollen, müssen Sie sich auf seine individuelle Art einlassen und Ihre eigene Arbeitsweise auch zum Teil daran anpassen. Der Individualist kennt meist seine eigenen Schwächen, auch wenn sie ihm oft egal sind. Das ist ein Ansatzpunkt für Ihre Führungsarbeit. Haben Sie eine Vertrauensbasis mit ihm gefunden, kann es Ihre Rolle sein, mehr Berechenbarkeit in seine Individualität zu bringen. Achten Sie aber besonders genau darauf, wie Verantwortlichkeiten definiert sind. Sonst können Sie leicht in die Schusslinie geraten, wenn es wieder einmal zu Konflikten zwischen Ihrem Vorgesetzten und seinen Chefs kommt.

6 Der Stratege

Der Stratege bezieht seinen Antrieb daraus, Organisationen umzugestalten. Er hat eine klare Vision seines Handelns und kann gleichzeitig pragmatisch im Sinne seiner Ziele agieren. Er kann kurzfristige und langfristige Prozesse designen und steuern. In all seine Erwägungen bezieht der Stratege die Performance von Teams mit ein. Er ist hochkooperativ und am Beitrag Dritter interessiert.

Wie Sie diesen Typ führen: Wenn Sie auf einen echten Strategen treffen – Rooke und Torbert haben in ihren Studien ermittelt, dass nur etwa 4 % aller Führungskräfte Strategen sind – sollten Sie das vor allem nutzen, um von ihm zu lernen und sich selbst weiterzuentwickeln.

7 Der Alchemist

In der Alchemie, einem alten Zweig der Naturphilosophie, beschäftigte man sich damit, aus unedlem Material Edelmetall zu kreieren. Im Unternehmenskontext ist dementsprechend der Alchemist eine Führungskraft, der Organisationen neu erfinden kann, der Visionen für bisher unbekannte Produkte hat oder vollkommen neue Märkte erschließt.

Wie Sie diesen Typ führen: Wenn Ihr Chef ein Alchemist ist, sind Sie selbst bereits ein Topmanager. Jetzt geht es darum, gemeinsam Erfolg zu gestalten.

> Natürlich wird eine solche Kategorisierung nie der Komplexität eines Menschen gerecht. Nutzen Sie diese sieben Typen jedoch, um herauszufinden, wie Ihr Chef tickt. Das macht es für Sie einfacher, das Vertrauen aufzubauen, ohne das eine Führung von unten nach oben nicht möglich ist.

Welche Ziele und Erwartungen hat Ihr Chef?

Auch die Ziele, die Ihr Chef verfolgt, und die Erwartungen, die er an Ihr Verhalten und damit an Ihre Managementrolle hat, sind wichtig, um sein Agieren besser verstehen zu können. Das heißt nicht etwa, dass Sie lediglich eine instrumentelle Rolle haben und nur entsprechend den Wünschen und Vorstellungen Ihres Vorgesetzten „funktionieren" sollen. Es ist aber in Ihrem eigenen Interesse, dass Sie sich auch mit der persönlichen Motivation und den Zielen Ihres Chefs auseinandersetzen. Schließlich soll Ihr Vorgesetzter Ihre Mitarbeit als konstruktiv und nützlich wertschätzen – und das gelingt auf Dauer nur, wenn Sie auch einen Beitrag zum Erreichen seiner Ziele leisten. Analysieren Sie das Verhalten Ihres Chefs, um zu verstehen, warum er auf eine bestimmte Art und Weise handelt. Identifizieren Sie

- Themen, die Ihrem Chef besonders wichtig sind, und
- Ziele, deren Erreichung für ihn besondere Priorität hat.

Achten Sie auch besonders auf die Ziele und Themen, die nicht mit denen eines Projekts oder des Unternehmens übereinstimmen.

Beispiel:

Wenn Ihr Chef z. B. eine Beförderung erwartet oder seine Pensionierung nicht mehr weit entfernt ist, werden ihm vielleicht kurzfristige Erfolge besonders wichtig sein, obwohl das im Rahmen eines Gesamtprojekts kontraproduktiv sein kann.

Steigbügelhalter des Chefs?

Die Hierarchie im Verhältnis zu Ihrem Chef verlangt eine gewisse Unterordnung, gerade wenn Sie es mit einem Vorgesetzten der eher autoritär veranlagten Sorte zu tun haben. Deswegen müssen Sie sich aber nicht selbst verleugnen. Im englischsprachigen Raum heißt es „love it, leave it or change it", zu Deutsch: Liebe es, lass es oder ändere es. Da die Liebe in beruflichen Kontext eher selten ist, sollten Sie sich auf Veränderungsmöglichkeiten konzentrieren, aber auch die Option, Ihren Job zu wechseln, im Hinterkopf behalten.

Rufen Sie sich und, wenn nötig, auch Ihrem Chef ins Gedächtnis, dass in letzter Konsequenz weder seine noch Ihre Ziele die entscheidenden sind – Vorrang haben die Unternehmensziele. Gerade die heutigen Unternehmenskulturen lassen ein Führen abseits von Unternehmenszielen immer weniger zu. Das setzt enge Grenzen für Selbstherrlichkeit und unternehmensinterne Herzogtümer. Wenn Sie mit dem Unternehmenswohl argumentieren können, werden Sie für Ihre Sichtweise auch Verbündete finden. Deshalb lassen Sie sich nicht einschüchtern:

Sie müssen weder jede Erwartung Ihres direkten Vorgesetzten erfüllen, noch jedem von ihm gesetzten Ziel hinterherhecheln.

Das richtige Maß finden

Natürlich sind die Erwartungen Ihres Vorgesetzten eine Richtschnur. Oft beziehen sich diese jedoch gar nicht so sehr auf Arbeitsziele, sondern auf die Arbeitsweise. Kommen Sie beim Arbeitsstil Ihrem Chef entgegen, ziehen Sie aber auch hier rechtzeitig Grenzen, wenn Sie erkennen, dass sich seine individuellen Vorgaben negativ auf Ihre Arbeitsleistung und Ihre Arbeitsergebnisse auswirken. Versuchen Sie gerade diesen Arbeitsoutput zum Maßstab zu machen. Er ist schließlich das Wesentliche, an dem jeder Vorgesetzte ein ureigenes, rationales Interesse hat. Und grundlegend irrational sind zum Glück die wenigsten Menschen, zumindest in ihrem beruflichen Handeln.

Wenn Ihr Chef an Ihnen vorbei entscheidet

Beispiel:

 Marlene Scheer ist regionale Europa-Einkaufsleiterin eines Unternehmens für Medizintechnik. Sie trifft sich mit ihren Mitarbeitern zum wöchentlichen Jour Fixe, um die Implementierung der Datenschutz-Richtlinien für die verschiedenen Einkaufsprozesse zu besprechen. Plötzlich geht die Tür auf und ihr Vorgesetzter, der Bereichsleiter Einkauf, Dr. Haneke, stößt zu der Runde hinzu. Zunächst hört er nur zu. Dann beginnt er zum Entsetzen von Marlene Scheer eine Detaildiskussion über die Vor-

und Nachteile unterschiedlicher technischer Standards. Die Mitarbeiter sind verwirrt. Diese Grundsatzfragen sind eigentlich
längst geklärt. Genau darauf weist Frau Scheer ihren Chef hin.
Dr. Haneke widerspricht und sagt, dass er noch nichts endgültig
abgesegnet habe.

Wenn der Chef Entscheidungen trifft, für die man eigentlich
selbst zuständig ist, bewegt sich jeder Sandwichmanager auf
glattem Eis. Wie können Sie in solch einer vertrackten Situation reagieren? Sollten Sie Ihrem Chef widersprechen oder
eher zurückstecken? Im ersten Fall riskieren Sie einen Konflikt,
dessen Ausmaß schwer abzuschätzen ist. Entscheiden Sie sich
für die harmonische Variante, beschädigen Sie Ihre Glaubwürdigkeit bei Ihren Mitarbeitern. Die beste Lösung ist natürlich, es gar nicht zu solchen Situationen kommen zu lassen.
Ziehen Sie die richtigen Schlüsse aus Ihrer Chefanalyse und
beugen Sie so Problemen im Führungsverhältnis vor.

Wenn Ihr Chef ein begeisterter Mikromanager ist und sich
gerne – an Ihnen vorbei – in die Klärung von Detailfragen einmischt, wird es Ihnen wenig bringen, wenn Sie versuchen bei
Projekten oder Aufgaben vollkommen freie Hand zu bekommen. In diesem Fall ist es besonders wichtig, dass Sie mit
Ihrem Chef klare Spielregeln über seine und Ihre Rolle bei der
Zusammenarbeit vereinbaren. Mischt Ihr Chef sich gerne ein,
sollten Sie einen Rahmen schaffen, der dieser Tendenz ent-
gegenwirkt:

- Lassen Sie ihn eigene Vorschläge für die Gestaltung der
  Zusammenarbeit machen.

- Regeln Sie mit ihm, wie oft und in welcher Form Sie an ihn berichten.

- Achten Sie darauf, dass es ausreichend Möglichkeiten für Vier-Augen-Gespräche gibt, in denen Sie mit ihm vorab Probleme besprechen und Konflikte klären können.

Kommt es immer wieder zu schwierigen Situationen, wie sie das Beispiel der vom Chef gesprengten Teamsitzung beschreibt, sollten Sie auch Ihr eigenes Handeln hinterfragen: Haben Sie Ihren Vorgesetzten nicht ausreichend informiert? Haben Sie ihm Anlass gegeben, mit den Arbeitsergebnissen unzufrieden zu sein?

Im Beispielfall wäre sicherlich keine Eskalation des Konflikts gerechtfertigt – erst recht nicht vor dem Team. Wenn Sie in eine solche Situation geraten, lassen Sie die vom Chef angestoßene Diskussion zu. Grenzen Sie sie aber, so gut es geht, zeitlich und thematisch ein.

So klären Sie Führungskonflikte

Haben Sie Schadensbegrenzung betrieben, ist der nächste Schritt die Aussprache mit Ihrem Chef unter vier Augen: Finden Sie die Gründe für sein Verhalten heraus. Machen Sie gerade einem aktiven Chef deutlich, dass Konflikte nicht vor den Mitarbeitern ausgetragen werden sollten. Machen Sie ihm klar, wie stark das Ihre Autorität als kompetente Führungskraft gegenüber Ihren Mitarbeitern beschädigen kann. Beziehen Sie auch die objektiven Anforderungen der Ihnen gestellten Aufgabe mit ein. Im Beispielfall wären dies die vereinbarten Ziele zur Implementierung der Datenschutzrichtlinie, der Projektfortschritt und der Zeitplan. Trennen Sie in Klärungsgesprächen mit Ihrem Vorgesetzten zum Führungsverhalten die Sachebene von der persönlichen Ebene: Sprechen Sie an, was sein Führungsstil für die Arbeitsabläufe und die Arbeitsergebnisse bedeutet, und im zweiten Schritt, wie es Ihre Möglichkeiten als Führungskraft fördert oder beeinträchtigt. Tragen Sie zur Klärung durch konkrete Vorschläge bei.

Seien Sie sich gleichzeitig auch darüber bewusst, dass Ihr Freiraum als Sandwichmanager immer begrenzt sein wird. Nicht jedes Gespräch Ihres Chefs mit Ihren Mitarbeitern ist ein unerwünschter Eingriff in Ihren Entscheidungsbereich. Ihr Vorgesetzter hat ein legitimes Interesse daran, ein gutes kommunikatives Verhältnis über die Hierarchieebenen hinweg zu etablieren. Darüber hinaus ist keine Führungsbeziehung konfliktfrei. Wenn Sie es schaffen, einen verlässlichen Rahmen und beiderseits akzeptierte Spielregeln für die Zusammenarbeit zu schaffen, haben Sie schon viel erreicht.

Beispiel:

In unserem Beispiel sollte Marlene Scheer sicher nicht die direkte Konfrontation mit ihrem Chef vor dem versammelten Team suchen. Ihr Ziel sollte es sein, die von Dr. Haneke angestoßene überflüssige, weil längst geklärte Diskussion im Keim zu ersticken. Auf Zeit zu spielen, ist eine Möglichkeit. So könnte sie den Punkt ihres Vorgesetzten auf die Tagesordnung setzen, um erst das Thema, das gerade diskutiert wurde, zu beenden. Wenn das geschehen ist, könnte sie eine Pause der Teamsitzung veranlassen („Lassen Sie uns neue Konzentration sammeln. Machen wir eine Kaffeepause!"), um kurz mit Dr. Haneke unter vier Augen zu sprechen.

Es geht an dieser Stelle ja nicht darum, eine Konfrontation an sich zu vermeiden, sondern eine Konfrontation vor dem Team zu verhindern. Wenn es nicht anders geht, greifen Sie zur kreativen Notlüge. Der kurze Blick zur Uhr und ein Anruf, den Sie noch erledigen müssen – schon ist die Sitzung unterbrochen. Sie erledigen Ihren Anruf und können dann mit Ihrem Chef alleine reden. Wenn Sie Glück haben, dauert ihm das zu lange und er muss zum nächsten Termin.

Das Mitarbeiterecho intelligent weitergeben

Wenn Sie für Ihren Vorgesetzten ein geschätzter Berater sind, wird er Sie auch dafür einsetzen, ihn in seinen Führungsaufgaben zu unterstützen. Schließlich hat er selbst nur mittelbaren Zugriff auf die Mitarbeiter einer Abteilung. Sie sind derjenige, der die Führungsvorgaben nach unten weitergibt. Dazu gehören als zentrale Elemente die Organisationsziele und die Kriterien zu Leistungsbeurteilung.

Gleichzeitig sind Sie in der Sandwichposition auch derjenige, der dafür sorgt, dass Ihr Chef nicht im Blindflug unterwegs ist. Sie übernehmen als Führungskraft Verantwortung für die unmittelbare Steuerung der Mitarbeiter. Darüber hinaus überwachen Sie die Performance und die Zielerreichung der Abteilung und geben diese Informationen nach oben weiter. Für Ihren Vorgesetzten sind Sie der personifizierte Feedbackmechanismus.

Diese Feedbackfunktion ist gerade dann besonders wichtig, wenn die Lage schwierig wird. Vor allem wenn Mitarbeiter sich überfordert fühlen durch das Zusammentreffen von Arbeitsbelastung und Veränderungen, ist Ihr Chef auf Ihre Einschätzung angewiesen. Diese Fälle sind eher die Regel als die Ausnahme in einer Zeit, in der in vielen Unternehmen Change Projekte wie Umstrukturierungen oder Projekte zur Effizienz- und Produktivitätssteigerung quasi zum normalen Arbeitsalltag geworden sind.

Bei Ihrem Feedback sollten Sie drei Regeln beachten:

1   Seien Sie Ihrem Chef gegenüber ehrlich und geben Sie auch unangenehme Dinge weiter.

2   Trennen Sie zwischen dem, was Sie direkt von den Mitarbeitern weitergeben und Ihrer eigenen Einschätzung der Situation.

3   An Ihre Analyse sollten sich direkte Handlungsempfehlungen für Ihren Chef anschließen.

Wenn Sie diese einfachen Regeln beachten, maximieren Sie den Nutzen für Ihren Vorgesetzten und machen sich gleichzeitig zum aktiven Teilnehmer an seiner Entscheidungsfindung.

Neinsagen lernen und Grenzen ziehen

Nein sagen zu können ist für einen Sandwichmanager eine wichtige Kompetenz. Gegenüber den Mitarbeitern und Kollegen ist das sicherlich einfacher als gegenüber dem eigenen Chef. Doch auch in der Kommunikation nach oben ist das Nein ein wichtiges Signal, auf das Sie nicht verzichten können, wenn Sie sich Ihre eigene Führungs- und Entscheidungsfähigkeit bewahren wollen.

In der Regel gibt es drei typische Situationen, in denen sich ein Nein lohnen kann:

- Ihr Chef will Ihnen eine zusätzliche Aufgabe übertragen.
- Er will, dass Sie ein Projekt schneller als geplant abschließen oder mit weniger Personal zu Ende bringen.
- Er will die festgelegten Projektziele verändern.

Der Weg zum konstruktiven Nein

Jedes Nein ist ein potenzieller Konflikt, weil es eine Ablehnung bedeutet. Das Geheimnis des konstruktiven Nein liegt darin, diesen Konflikt intelligent zu entschärfen, ohne das Nein zurückzunehmen.

Die Ausgangssituation lässt sich ganz simpel beschreiben: Ihr Chef verlangt etwas von Ihnen, das Sie so nicht akzeptieren oder ausführen wollen. Sie sind also unterschiedlicher Auffassung. Gegenüber einem Vorgesetzten können Sie es nicht bei einem bloßen Nein belassen.

Beispiel:

Herr Schröter, der technische Betriebsleiter eines Unternehmens für Galvanotechnik, äußert in einem Meeting: „Herr Drost, Sie müssen bei der Planung und der Einrichtung der neuen Verzinkungsanlage die Federführung übernehmen. Das ist jetzt wichtiger als alles andere." Beim Fertigungsleiter Herrn Drost schrillen die Alarmglocken. Probleme in der Instandhaltung halten ihn seit mehreren Wochen auf Trab, erfordern viele Überstunden und sind noch nicht endgültig gelöst. Ein zusätzliches Projekt kann er nicht schultern. Herr Schröter ist sein direkter Vorgesetzter und klingt nicht sehr kompromissbereit.

Hier ist argumentatives Geschick gefragt. Herr Drost muss sich eine Strategie überlegen, um diese Aufgabe abzulehnen und Herrn Schröter sein Nein verständlich zu machen.

Wenn Sie eine solche Situation lösen wollen, orientieren Sie sich bei Ihrer Argumentation an Fakten.

Der Weg zum konstruktiven Nein
1 Spiegeln Sie die Beweggründe Ihres Chefs wider und signalisieren Sie Verständnis.
2 Klären Sie die Fakten.
3 Wenn Sie bei Ihrer ablehnenden Haltung bleiben, äußern Sie Ihr Nein deutlich und untermauern Sie es durch sachliche Gründe.
4 Machen Sie konkrete Vorschläge, die dazu beitragen können, das Problem Ihres Chefs zu lösen.

Wie Sie ein Nein-Gespräch führen

Herr Drost sollte also zunächst ganz direkt auf die Ankündigung von Herrn Schröter eingehen, wie z. B.: „Die neue Verzinkungsanlage ist wirklich ein wichtiges Thema." Dann sollte er genauer nachfragen: „Was meinen Sie mit Federführung? Was soll meine konkrete Aufgabe sein?" Wenn Herr Drost dann eben diese Federführung nicht übernehmen will, muss er das Herrn Schröter auch klar sagen. Schwammige Formulierungen helfen hier nicht weiter und beschwören nur Konflikte zu einem späteren Zeitpunkt herauf.

Eine verständliche Begründung, die erneut Empathie für den Adressaten der Ablehnung zeigt, ist genauso wichtig wie das deutliche Nein. Herr Drost könnte z. B. sagen: „Es tut mir leid, Herr Schröter. Ich kann diese zusätzliche Aufgabe nicht übernehmen. Ich verstehe, dass die Einrichtung der neuen Anlage eine hohe Priorität hat, aber das Lösen der Probleme in der Instandhaltung erfordert im Moment meinen ganzen Einsatz."

Seine ablehnende Haltung kann Herr Drost abmildern, indem er Alternativen anbietet, die das Problem seines Vorgesetzten zumindest verkleinern können. Zum Beispiel kann er jemanden vorschlagen, der das Projekt in der Verzinkung an seiner Stelle übernehmen kann, oder er kann Vorschläge zur Entzerrung des Zeitplans oder zu einer anderen Verteilung der Arbeitsbelastung machen.

Verkaufen Sie nicht die Maßnahme selbst, sondern die zu erwartenden Ersparnisse, Einnahmen oder Verbesserungen. Geben Sie Antworten auf die Fragen:

- Was bringt das?
- Wie schnell?
- Wie sicher?

Wenn Ihr Chef gerne Entscheidungen aussitzt, erstellen Sie eine kurze übersichtliche Entscheidungsmatrix, aus der relevante Kriterien, Vor- und Nachteile der verschiedenen Optionen hervorgehen. Zeigen Sie unbedingt auch auf, was die Wirkungen und Kosten einer stark verzögerten oder nicht getroffenen Entscheidung sind.

> Wenn Sie aktuelle Schwierigkeiten besprechen, skizzieren Sie bereits mögliche Lösungswege. Vielleicht kennen Sie das aus dem Umgang mit Ihren eigenen Mitarbeitern: Vorgesetzte bevorzugen statt Berichten über Brandherde oder Feuerausbrüche lieber solche über erfolgte Löschaktionen und erfolgreiche Prävention.

Bleiben Sie mit Ihrem Chef im Gespräch

Wenn Sie Ihrem Chef gegenüber eine Ablehnung ausdrücken, müssen Sie das Kunststück meistern, standfest zu bleiben, ohne in eine Verweigerungshaltung zu verfallen. Sie erreichen diese Balance am besten, indem Sie auf zwei Ebenen kommunizieren: Auf der Sachebene argumentieren Sie logisch und orientieren sich an den objektiven Gegebenheiten. Erläutern Sie Ihre Argumente, entkräften Sie Widerspruch mit Ruhe und Geduld. Die Sachebene ist nicht der Ort für emotionale Diskussionen. Nutzen Sie die Beziehungsebene dafür, dass das Verhältnis zu Ihrem Chef intakt bleibt. Äußern Sie Verständnis für seine Lage.

Sie können sich das Verhältnis zwischen Sach- und Beziehungsebene gut am Bild eines Eisbergs veranschaulichen. Die

Sachebene ist die sprichwörtliche „Spitze des Eisbergs" und befindet sich sichtbar über der Wasseroberfläche – das sind die Fakten und Zahlen, die Argumente und Standpunkte, die Ihr Chef und Sie direkt miteinander austauschen. Das Sichtbare macht aber nur rund 10 % des Volumens des Eisbergs aus. Die restlichen 90 % liegen unter der Wasseroberfläche. Sie stehen in der Eisbergmetapher für die Beziehungsebene, für Gefühle, Werte und Bedürfnisse. Eine konstruktive Auseinandersetzung über Sachfragen ist also nur dann möglich, wenn das, was die Beziehung ausmacht, nicht grundlegend gestört wird.

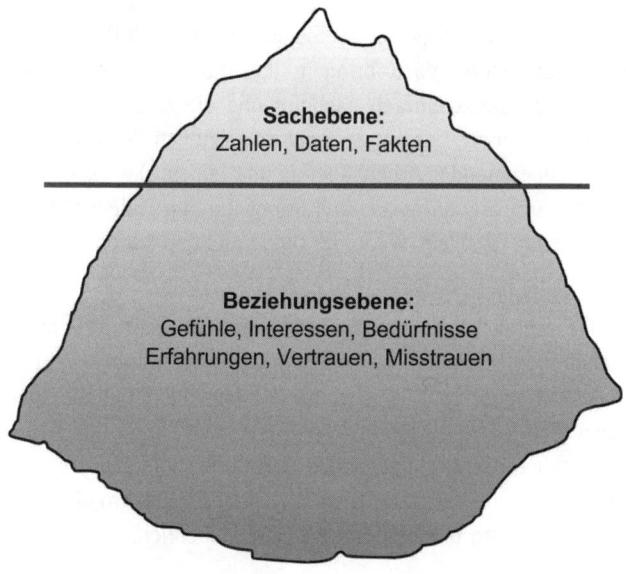

Sachebene:
Zahlen, Daten, Fakten

Beziehungsebene:
Gefühle, Interessen, Bedürfnisse
Erfahrungen, Vertrauen, Misstrauen

Eisberg-Modell

Gelingt die sachliche Behandlung eines Konflikts nicht und werden solche Gespräche mit Ihrem Chef häufig emotional, deutet das im Umkehrschluss auf Probleme in Ihrer persönlichen Arbeitsbeziehung hin. Das kann mit verdrängten Gefühlen wie z. B. Ärger über mangelnde Anerkennung oder grundsätzliches Misstrauen aufgrund von Wertekonflikten zusammenhängen.

Lassen Sie sich nicht zu einer emotionalen Diskussion treiben

Kommen Emotionen ins Spiel, entsteht oft eine Drucksituation, in der sich der Dominantere durchsetzt – das ist in der Regel der Vorgesetzte. Lassen Sie sich nicht durch Druck oder pure Überredung dazu bringen, Ihre Position aufzugeben. Wenn Herr Drost einfach nachgibt und die zusätzliche Aufgabe übernimmt, bezahlt er dafür einen hohen Preis: Er wird unter zunehmender Arbeitsüberlastung leiden. Das wirkt sich auf die Arbeitsqualität aus und bringt ihm am Ende vielleicht sogar noch Kritik ein, wenn die Dinge nicht so laufen wie geplant.

In der Interaktion mit Ihrem Chef können Sie nicht unter allen Umständen bei einem Nein bleiben. Ob Ihr Nein zum Jein oder vielleicht sogar zum Ja wird, ist letztlich das Ergebnis einer Kosten-Nutzen-Abwägung. Wichtig ist, dass Sie für Ihre Kompromissbereitschaft eine angemessene Gegenleistung erhalten: z. B. mehr Zeit oder mehr Personal für Ihr Projekt oder eine Entlastung in einem anderen Arbeitsbereich.

Beispiel:

 In unserem Beispiel hat Herr Drost die Gründe für sein Nein bereits zu Beginn des Gesprächs klar erläutert. Von dieser Position sollte er nicht abweichen, weil er sein Instandhaltungsprojekt und das ihm neu angetragene Projekt aus Zeitgründen nicht gleichzeitig bewältigen kann. Wenn Herr Schröter ihm kein Angebot macht, das zur Entlastung beiträgt, sollte Herr Drost nicht davor zurückschrecken, einen übergeordneten Entscheider hinzuzuziehen. Lässt er sich wider besseres Wissen überreden, verschiebt er den Konflikt nur auf den Zeitpunkt, an dem beide Projekte aus dem Ruder laufen. Und dieser Konflikt könnte dann ein noch größeres Ausmaß haben.

Um knappe Ressourcen kämpfen

Als Manager der Mitte werden Sie immer wieder erleben, dass auf Wunsch Ihrer Vorgesetzten eine nahezu unmögliche Arbeitsmenge in sehr kurzer Zeit abgearbeitet werden soll, ohne dass personell aufgestockt wird. Sie sind nun angehalten, den aufgebauten Druck an Ihre Mitarbeiter weiterzugeben. Diese haben dafür naturgemäß kein Verständnis, wenn die Belastungen ohnehin schon sehr hoch sind. Sie machen sich bereits Sorgen, dass einzelne Mitarbeiter unter dem Leistungsdruck zusammenbrechen, ausfallen oder gar kündigen könnten.

Sie können die Mitarbeiter einerseits sehr gut verstehen, da sich Ihre Situation ähnlich anfühlt. Andererseits sind Sie für die abgelieferten Ergebnisse verantwortlich. Wie können Sie eine solche Situation lösen?

Als Sandwichmanager tragen Sie Verantwortung für die Führung von Mitarbeitern und den Einsatz von Ressourcen in Ihrem Kompetenzbereich. Diese Ressourcen – Personal, Zeit und alle anderen Mittel, die Sie für Ihre Arbeit brauchen – sind Verhandlungssache, gerade in den immer flexibler werdenden Strukturen in heutigen Unternehmen. Für Sandwichmanager ist dieser Budgetierungsprozess von besonderer Bedeutung, weil sie oft an den Verhandlungen selbst nicht beteiligt sind, obwohl die Verhandlungsergebnisse zu den wichtigsten Rahmenbedingungen für ihre Arbeit gehören. In der Regel können Sie aber Einfluss nehmen, indem Sie Ihren Vorgesetzten für diese Verhandlungen briefen bzw. wichtige Verhandlungsziele mit ihm diskutieren.

Betrachten Sie die Aufgaben, die in Ihren Bereich fallen, einmal als Aufträge. In diesem Bild ist Ihr Chef der Auftraggeber und Sie sind der Auftragnehmer. Zu Ihren Führungsaufgaben gehört es, jeden einzelnen Auftrag zu planen und durchzuführen. Dabei setzen Sie eine ganze Reihe von parallel laufenden Prozessen in Gang, die Sie immer wieder in die gesamte Zeit- und Ressourcenplanung einpassen müssen. Ihr Chef ist dabei die übergeordnete Instanz, die den Blick auf das große Ganze hat. Durch diese unterschiedlichen Perspektiven kommt es zu Konflikten, in denen es meistens um Ressourcen geht. Dem können Sie vorbeugen, indem Sie

- in Ihrer Planung transparent sind,
- Planänderungen rechtzeitig an Ihren Chef kommunizieren und
- Prioritäten regelmäßig mit ihm abstimmen.

Besonders entscheidend ist der letzte Punkt. Wenn Ihre Aufgabenpriorisierung nicht mit der Ihres Chefs übereinstimmt, sind Konflikte unvermeidlich. Es herrscht dann Uneinigkeit über den Einsatz von Mitarbeitern bzw. von Projektmitteln. Priorisierung bedeutet in diesem Fall, dass Sie mit Ihrem Chef klären, welche Aufgaben eine besondere Bedeutung, also inhaltlichen Vorrang vor anderen haben, und wie die zeitliche Priorisierung aussieht. Um Ressourcenkonflikte zu verhindern, koordinieren Sie diese beiden Aspekte am besten anhand einer Entscheidungsvorlage mit Ihrem Vorgesetzten.

Wenn diese Art der Abstimmung und das Reporting an Ihren Vorgesetzten gut funktionieren, haben Sie einen wesentlichen Störfaktor ausgeschaltet, der immer wieder für Konflikte sorgen kann. Bei der konkreten Gestaltung Ihrer Entscheidungsvorlage sollten Sie sich vor allem an den Wünschen Ihres Vorgesetzten orientieren. Manche arbeiten gerne mit detailliertem Zahlenmaterial, andere wünschen sich nur eine Kurzzusammenfassung mit den wichtigsten Highlights und konkreten Handlungsempfehlungen. Finden Sie gemeinsam mit Ihrem Chef eine möglichst standardisierte Form, die sowohl unternehmensinternen Vorgaben entspricht als auch die Zusammenarbeit zwischen Ihnen beiden unterstützt.

Ihr Chef hält sich nicht an Vereinbarungen – und nun?

Eine funktionierende Arbeitsbeziehung zwischen Ihnen und Ihrem Vorgesetzten ist keine Konstante. Sie müssen sich Ihrer gemeinsamen Arbeitsgrundlage immer wieder versichern und an ihr arbeiten. Schließlich liegen die Prinzipien dieser Zusammenarbeit nicht in schriftlicher Form vor, sondern haben sich implizit im Laufe der Zeit herausgebildet.

Was tun Sie, wenn Ihr Chef die Grundlagen Ihrer Zusammenarbeit verletzt? Das ist ein besonders schwieriges Thema. Die Rede ist hier nicht von kurzfristigen Unstimmigkeiten über Sachthemen. Es geht um grundsätzliche Punkte, die Ihre Position als Sandwichmanager infrage stellen, so z.B.:

- Ihr Chef entzieht Ihnen Entscheidungskompetenzen.
- Er regelt Ihren Aufgabenbereich neu.
- Er übergeht Sie bei wichtigen Entscheidungen.

Beispiel:

 Andreas Stauder arbeitet bereits seit drei Jahren als Gebietsleiter Osteuropa im Vertrieb eines Schraubenherstellers. Mit seiner Chefin Brigitte Färber, der Vertriebsleiterin Europa, kommt er gut klar. Deshalb ist er besonders überrascht, als sie ihn darüber informiert, dass sie einige Zuständigkeiten unter den Mitarbeitern seiner Abteilung verändern wird. Sie teilt ihm die Entscheidung mit, ohne ihn vorher um seine Meinung oder einen Rat gefragt zu haben. Herr Stauder wertet diesen Vorgang als Vertrauensbruch. Im zurückliegenden Jahr hatte er kein negatives Feedback von Frau Färber bekommen. Sie hat seine Arbeitsergebnisse immer als gut eingestuft.

In solchen Situationen ist die Entscheidung, ob man den Konflikt vermeidet oder austrägt, von besonderer Tragweite. Schließlich wird das eigene Verhalten die gesamte zukünftige Zusammenarbeit mitbestimmen.

Bevor Sie solche Entscheidungen treffen, analysieren Sie die Entwicklung. Ein wichtiger Gesichtspunkt ist dabei, ob Ihr Vorgesetzter die Veränderung eingeübter Arbeitsmodi direkt anspricht oder ob die Änderung ein schleichender Prozess ist. Im ersten Fall besteht zwischen Ihnen und Ihrem Chef noch eine offene Kommunikation. Das ist ein großer Vorteil. Im zweiten Fall ist die Situation deutlich schwieriger, denn offensichtlich will Ihr Vorgesetzter seine Entscheidungen nicht offen diskutieren.

In beiden Fällen ist ein Vier-Augen-Gespräch das beste Mittel, um eine Klärung herbeizuführen. Wenn Ihr Chef die Veränderungen anspricht, ergibt sich diese Möglichkeit von selbst. Ist das nicht der Fall, ergreifen Sie die Initiative und bitten Sie um ein Gespräch.

1. Schritt: Ausgangssituation analysieren

Analysieren Sie vor dem Gespräch Ihre Ausgangssituation möglichst genau und betreiben Sie Ursachenforschung:

- Wie ist Ihr persönliches Verhältnis zu Ihrem Vorgesetzten?
- Hat er sich in jüngster Zeit über Ihre Arbeit oder die Ergebnisse Ihrer Arbeit kritisch geäußert?
- Hat es in Ihrer Abteilung personelle Veränderungen gegeben?

- Steht Ihr Chef gegenwärtig unter besonderem Druck von seinen eigenen Vorgesetzten?

Diese Analyse hilft Ihnen dabei, die Situation besser einzuschätzen und gedanklich auch die Perspektive Ihres Vorgesetzten einzunehmen. So bereiten Sie sich nicht nur auf das Vier-Augen-Gespräch vor, sondern versetzen sich auch in die Lage, weniger emotional mit einer Konfliktsituation umzugehen. Entwickeln Sie aus der Analyse einen Leitfaden für das bevorstehende Gespräch mit Ihrem Vorgesetzten. Beantworten Sie sich dazu folgende Fragen:

- Welche Themen sind Ihnen wichtig?
- Welche Sachargumente wollen Sie setzen?
- Welche Gegenargumente erwarten Sie?
- Was sind Ihre Ziele im Gespräch?

2. Schritt: Gespräch mit dem Vorgesetzten

Fragen Sie Ihren Chef ganz direkt nach den Gründen für die Kompetenzeinschränkungen oder den veränderten Zuschnitt Ihrer Aufgaben. Ist er mit Ihrer Leistung unzufrieden? Haben die Veränderungen einen anderen, z.B. organisatorischen Grund, der nichts mit Ihnen persönlich zu tun hat? Erläutern Sie an praktischen Beispielen, wie das Ihre Arbeit und Ihre Führungsmöglichkeiten gegenüber den eigenen Mitarbeitern verändert.

3. Schritt: Die Führungsbeziehung stabilisieren

Wenn Ihr Chef konkrete Kritik äußert, setzen Sie sich mit diesen Punkten auseinander. Bitten Sie ihn, seine Erwartungen an Ihre zukünftige Führungsrolle zu erläutern, und fragen Sie ihn nach Verbesserungsvorschlägen. Bleibt seine Kritik im Ungefähren und hat er keine konkreten Anregungen für Veränderungen, nehmen Sie das als Gelegenheit, um die Situation und insbesondere Ihre Führungsbeziehung aus Ihrer Sicht zu beleuchten. Ihr Ziel muss es sein, das in die Krise geratene Verhältnis wieder zu stabilisieren. Dazu gehören

- ein klares Rollenverständnis auf beiden Seiten,
- die Abgrenzung der Zuständigkeitsbereiche und
- eine Neubegründung der Führungsspielregeln.

Vielleicht erreichen Sie im ersten Schritt nicht dasselbe Verhältnis wie zuvor. Das hängt vor allem davon ab, ob die Störung Ihres Verhältnisses eher von äußeren oder eher von persönlichen Faktoren beeinflusst wird. Konflikte zu klären und Krisen in der Arbeitsbeziehung zu bewältigen, ist ein wichtiger Teil von Führungsarbeit. Konzentrieren Sie sich darauf, die Aufmerksamkeit Ihres Chefs wieder auf Arbeitsergebnisse und -ziele zu lenken. Wenn Sie diese erreichen, wird sich auch das beiderseitige Verhältnis wieder verbessern.

Gelingt es Ihnen nicht, die gute Arbeitsbeziehung zu Ihrem Chef wiederherzustellen, oder haben Sie das Gefühl, dass es sich um grundsätzliche persönliche Probleme handelt, sollten Sie sich eine Vertrauensperson suchen, mit der Sie Lösungsmöglichkeiten entwickeln können. Natürlich kann ein schlechtes Verhältnis zum Vorgesetzten, das irreparabel scheint, auch ein Anstoß dafür sein, sich auf eine andere Stelle zu bewerben.

Beispiel:

 Herr Stauder sucht das Gespräch mit seiner Chefin. Eigentlich haben er und Frau Färber ein intaktes Verhältnis. Genau deswegen hat ihn ihr Verhalten ja so unvorbereitet getroffen. Im Vier-Augen-Gespräch will Herr Stauder vor allem zwei Dinge erreichen: Er will herausfinden, warum seine Chefin die Personalentscheidungen getroffen hat, ohne in einzubeziehen. Er will verhindern, dass es in der Zukunft zu einer ähnlichen Situation kommt. Zu Beginn des Vier-Augen-Gesprächs fragt Herr Stauder ganz offen, warum ihn Frau Färber nicht über die anstehende Entscheidung informiert hat. Seine Vorgesetzte erwidert, dass sie ihn ganz bewusst aus der Schusslinie nehmen wolle, falls es Unzufriedenheit bei den Mitarbeitern gebe. Auf diese Weise sei sein Verhältnis zu seinen Mitarbeitern nicht belastet. Herr Stauder gibt zu bedenken, dass ein solches Vorgehen seine Position bei den Mitarbeitern schwäche.

Dann stellt er eine weitere direkte Frage, die ihn beschäftigt: Hat Frau Färber Zweifel an seinen Fähigkeiten bei der Personalführung? Das verneint seine Chefin, die von der Besorgnis ihres Mitarbeiters ebenso überrascht zu sein scheint wie dieser von ihrem Vorgehen. Sie sichert ihm zu, dass sie zukünftig solche Entscheidungen gemeinsam treffen. Außerdem einigen sich die beiden darauf, dass sie die Entscheidung gegenüber den Mitarbeitern als gemeinsame Entscheidung verkünden.

Unterschiedliche Sichtweisen von Chef und Mitarbeiter

Dieses Beispiel illustriert ein interessantes Phänomen, das im Berufsalltag zwischen Vorgesetzten und ihren Mitarbeitern häufiger vorkommt: Eine Entscheidung wird von beiden Seiten jeweils völlig anders, ja fast entgegengesetzt interpretiert. Als unbeteiligter Betrachter kann man die Sorge von Herrn Stauder verstehen: Die Vorgehensweise seiner Chefin ist ungewöhnlich und zeigt ein mindestens unbewusstes Misstrauen gegenüber seiner Personalführungskompetenz.

Dank des Gesprächs und auch dadurch, dass Frau Färber und Herr Stauder die Entscheidung jetzt zu einer gemeinsamen deklarieren, wird deutlich, dass die Grundlage der Zusammenarbeit nicht beschädigt ist. Für Herrn Stauder ist das ein wichtiges Ergebnis, weil so seine Autorität gegenüber seinen Mitarbeitern gewahrt bleibt. Die Irritationen, die aufgetreten sind, bis es zu dieser Lösung kam, belegen aber auch, dass es im Führungsverhältnis zwischen den beiden viele unausgesprochene Störfaktoren gibt, die in weiteren Gesprächen geklärt werden sollten.

Wenn der Chef Ihre Erfolge vereinnahmt

Ihr Chef verbucht Ihre Erfolge als seine, während er Misserfolge Ihnen in die Schuhe schiebt? Keine Frage: Ein solches Verhalten ist unfair und kränkend. Es erzeugt Frustration und schafft eine Arbeitsbeziehung, die auf Dauer nicht haltbar ist. Darüber hinaus kann es auch ein Stolperstein auf Ihrem Karriereweg sein, wenn Ihre eigene Leistung nicht anerkannt wird.

Beispiel:

Frau Kiepert war in den vergangenen fünf Monaten Leiterin des Umstrukturierungsprojekts für das Controlling der zahlreichen Auslandsgesellschaften eines Handelskonzerns. Es war eine harte Zeit. So wurden nicht nur die Arbeitsabläufe wesentlich umgestellt, sondern es waren auch mehrere personelle Verschiebungen notwendig. Dabei musste sie auch viele persönliche Konflikte lösen und mit der Unzufriedenheit von Kollegen und Mitarbeitern fertig werden. Zum Projektabschluss findet eine kleine Feier aller Beteiligten statt. Herr Weibel, der Leiter des Controllings, hat dazu zwei Gäste aus der Konzernspitze eingeladen. Herr Weibel erwähnt Frau Kiepert nur kurz bei der Begrüßung und übernimmt dann selbst den Projektbericht. Er geht darauf ein, dass das Projekt schwierig gewesen sei. Er selbst habe sich bei Konflikten immer wieder eingeschaltet und letztlich sei das ein gemeinsamer Erfolg aller. Frau Kiepert ist erst konsterniert, dann ist sie wütend. Sie fühlt sich von Herrn Weibel übergangen und ausgenutzt. Sie hat das Gefühl, mehr für die Karriere ihres Vorgesetzten zu arbeiten als für ihre eigene. Ihr Frust steigert sich noch dadurch, dass sie nicht weiß, was sie tun soll. Wird sie ihr Verhältnis zu Herrn Weibel nicht unrettbar beschädigen, wenn sie ihn zur Rede stellt?

Wer in eine solche Situation gerät, hat schnell das Gefühl, dass er sich in ein Minenfeld begibt, wenn er seinen Chef direkt anspricht und die eigene Unzufriedenheit ausdrückt. Natürlich ist das nicht unbegründet.

Vorwürfe verhindern Gespräche

Kritik an dieser Art von Verhalten ist besonders heikel, weil sie das soziale Verhalten einer Person betrifft. Deswegen sollte ein Gespräch über so ein Thema nicht mit Vorwürfen beginnen. Frau Kiepert sollte also *nicht* zu Herrn Weibel sagen: „Sie haben mich bei der Projektfeier überhaupt nicht erwähnt! Sie haben den Erfolg für sich reklamiert und sich vollkommen unfair verhalten. Das haben Sie mit Absicht gemacht!"

Solche Vorwürfe bilden quasi eine Anklage, die Frau Kiepert dann auch noch mit einer Unterstellung abschließt. Auf diese Äußerung wird Herr Weibel fast zwangsläufig mit aggressiver Rechtfertigung reagieren. Schon gleich zu Beginn ist dann der Gesprächsfaden zerschnitten. Ein echtes Gespräch und ein Meinungsaustausch können nicht mehr stattfinden. So entsteht eine aufgeladene, feindselige Atmosphäre, in der keine sachliche Diskussion mehr geführt werden kann. Eine Klärung der Situation wird so verhindert. Im Gegenteil: Ein solcher Gesprächsbeginn schafft einen persönlichen Konflikt zwischen Mitarbeiter und Vorgesetztem.

Ich-Botschaften bieten Anknüpfungspunkte

Um mit Herrn Weibel ins Gespräch zu kommen, ist es für Frau Kiepert viel sinnvoller, Ich-Botschaften zu senden. Das heißt, sie thematisiert nicht das Verhalten von Herrn Weibel, sondern berichtet aus ihrer eigenen Perspektive. Sie könnte z.B. sagen:

„Mir ist aufgefallen, dass Sie meine Rolle im Umstrukturierungsprojekt bei der Feier neulich gar nicht erwähnt haben. Mich hat das sehr überrascht und auch verärgert. Ich habe das auch nicht verstanden. Wir haben doch im Projekt gut zusammengearbeitet, und Sie haben mir auch positives Feedback gegeben. Bitte erklären Sie mir, warum Sie nicht auf meine Arbeit eingegangen sind."

Frau Kiepert redet damit über sich und nicht über Herrn Weibel. Sie erwähnt auch einen positiven Punkt und schließt ihr Statement mit einer direkten Aufforderung ab ohne anzuklagen. So entsteht eine positivere Gesprächsatmosphäre, obwohl Frau Kiepert auch ihren Ärger ausdrückt. Herr Weibel ist jetzt in einer Lage, in der er einer Antwort nicht ausweichen kann und trotzdem nicht mit direkten Vorwürfen konfrontiert ist. Außerdem wird er sich auch mit der persönlichen Situation von Frau Kiepert auseinandersetzen müssen. Ansonsten würde er die Ich-Botschaften, die sie gesendet hat, vollkommen ignorieren. Dass er nicht auf ihre Gefühlsäußerungen eingeht, wäre sehr ungewöhnlich in einer menschlichen Interaktion.

Ich-Botschaften vs. Du-Botschaften

Anhand dieser Gesprächsbeispiele können Sie sehen, warum Ich-Botschaften gerade in Konfliktsituationen besser zu Klärung beitragen als Du-Botschaften.

Ich-Botschaften

- sind eine Selbstauskunft, die beim Gegenüber Verständnis auslöst
- haben einen Appellcharakter, der Emotionen anspricht
- erleichtern die weitere Kommunikation und können damit den Klärungsprozess einleiten

Du-Botschaften

- lösen Widerspruch aus
- erzeugen durch ihren impliziten Anklagecharakter Rechtfertigungsdruck
- führen zu einem negativen Gesprächsklima
- tragen nichts zur Problemlösung bei

Natürlich lassen sich Probleme mit Chefs, die nicht bereit sind, Erfolge mit ihren Mitarbeitern zu teilen, meist nicht durch ein einfaches Gespräch lösen. Dennoch ist es wichtig, diese Gespräche zu führen, und sie so zu führen, dass sie möglichst konstruktiv verlaufen.

Formelle Personalführung und –beurteilung

Sehr wichtig in solchen Situationen sind die formellen Perso-
nalführungs- und –beurteilungsinstrumente, über die Ihr Chef
verfügt. Sie sorgen dafür, dass Ihre Leistungen für das Unternehmen dokumentiert und bei den Vorgesetzten Ihres Chefs
auch registriert werden. Achten Sie daher darauf, dass diese
Instrumente in Ihrer Abteilung wie vom Unternehmen vorge-
sehen zum Einsatz kommen.

Zielvereinbarungen bzw. Jahresendgespräche dokumentieren
den Anspruch des Unternehmens an Sie, aber auch Ihre ge-
leistete Arbeit. Nehmen Sie solche Gespräche ernst und bereiten Sie sich gut darauf vor. Über die Personalabteilung
können Sie in der Regel auch Einblick in Ihre Leistungsbeur-
teilungen erhalten. Nehmen Sie diese Möglichkeit wahr.

> Sprechen Sie die Personalabteilung an, wenn Instrumente der Personal-
> führung nicht wie im Unternehmen üblich und nur pro forma eingesetzt
> werden.

Wenn Sie sich grundsätzlich unfair behandelt fühlen und
Gespräche mit Ihrem Chef keine Besserung bringen, können
Sie auch andere Vorgesetzte oder die Personalabteilung hinzuziehen. Eine dritte Person kann eine neue Perspektive einbringen und für Ausgleich sorgen. Dabei handeln Sie auch
nicht im luftleeren Raum. Die meisten Unternehmen verfügen
heute über explizite Führungsgrundsätze. Es gibt also Füh-
rungsregeln, an die sich auch Ihr Vorgesetzter halten muss.

Auf einen Blick: Die Vorgesetzten führen

- Führung nach oben ist möglich, vorausgesetzt, es besteht eine Vertrauensbasis zwischen Ihnen und Ihrem Chef. Sie gründet unter anderem auf gegenseitigem Respekt und Wertschätzung für die Arbeit des anderen.

- Wie jemand führt, ist eine Frage des Typs. Nur wer seinen Chef kennt und weiß, welche Ziele, Erwartungen und Werte ihn bei seiner Führungsaufgabe lenken, kann ihn wirksam in die gewünschte Richtung dirigieren.

- Für Ihren Vorgesetzten sind Sie der personifizierte Feedbackmechanismus. Sie geben seine Rückmeldungen nach unten weiter und sorgen dafür, dass das Feedback der Mitarbeiter oben ankommt. Je geschickter Sie diese Rückmeldungen platzieren, desto mehr können Sie bei Mitarbeitern und Chef erreichen.

- Ein Sandwichmanager muss auch Nein sagen können, vor allem wenn es um zusätzliche Arbeitsaufgaben geht, die einfach nicht mehr zu stemmen sind. Wer die Technik des konstruktiven Nein beherrscht, verhindert Probleme, die eine Ablehnung auslösen kann.

- Auch wenn man sich noch so gut versteht: Hin und wieder kann es zu Störungen der Arbeitsbeziehung zum Chef kommen. Gut vorbereitete konstruktive und sachliche Vier-Augen-Gespräche helfen dabei, Konflikte gemeinsam zu lösen.

Überlebensstrategien für Sandwichmanager

Sandwichmanager haben oft einen schweren Stand, keine Frage. Mit den richtigen Strategien gelingt es jedoch, sich den Berufsalltag wesentlich einfacher zu machen.

In diesem Kapitel lesen Sie,

- wie Sie das Beste aus Misserfolgen machen,
- wie Sie Vorgesetzte und Mitarbeiter für Veränderungen gewinnen,
- warum Sie auch noch so kleine Erfolge bewusst genießen sollten,
- wie Sie Ihre Karriere fördern.

Das Beste aus Misserfolgen machen

Der Berufsalltag des Sandwichmanagers ist komplex. Er muss vielen Ansprüchen genügen, verschiedenste Aufgaben erledigen und eine Vielzahl von Zielen verfolgen. Diese Fülle an Herausforderungen führt dazu, dass Sie als Manager der Mitte nicht auf allen Feldern erfolgreich agieren können. Projekte verzögern sich, erbringen nicht den erwarteten Mehrwert oder werden abgebrochen. Misserfolge sind zwar ein ungebetener, jedoch sehr anhänglicher Begleiter im Managementalltag, selbst in Phasen, in denen es grundsätzlich gut läuft.

Sind Niederlagen wirklich nützlich?

Die Binsenweisheit, dass auch Misserfolge nützlich sind, weil man aus ihnen lernt, wird allzu gerne ins Feld geführt. Das gilt vor allem im Sport, wo kaum ein Trainer nach einer Niederlage auf sie verzichtet, aber auch in der Politik nach einer verlorenen Landtagswahl oder in der Wirtschaftswelt, wenn eine Übernahme nicht geklappt hat oder ein neues Produkt nicht so am Markt ankommt, wie alle erwartet hatten. Dann lautet der Tenor: Wir werden aus dieser Niederlage gestärkt hervorgehen.

Das hört sich gut an, weil man damit angesichts einer misslichen Situation Zuversicht ausstrahlt. Aber was soll das eigentlich heißen: aus Misserfolgen lernen? Die Trainer, Politiker und Unternehmensführer, die so etwas sagen, zeichnet in der Regel eines aus: Sie waren in ihrem bisherigen Leben bereits ziemlich erfolgreich. Und worin die Lehren bestehen und welche Schlüsse die Betreffenden aus der Niederlage gezogen haben, bleibt meist eher vage.

Wie Sie Negatives in den Griff bekommen

Sehen wir der Realität ins Gesicht: Misserfolge sind ein unvermeidbarer Teil des Berufslebens, und sie bringen meist nichts Gutes, sondern – im Gegenteil – Schwierigkeiten mit sich. Deshalb gilt es wirkungsvolle Bewältigungsstrategien zu entwickeln, damit Misserfolge nicht zu einem Stolperstein auf Ihrem Karriereweg werden. Jenseits von Floskeln und Durchhalteparolen helfen Ihnen zunächst einmal drei ganz einfache Schritte im Umgang mit Rückschlägen, um trotz allem Negativen das Beste aus der Situation zu ziehen.

1. Schritt: Eine ganz persönliche Analyse

Betrachten Sie das Projekt oder den Aspekt, an dem Sie gescheitert sind, einmal nicht aus einer übergeordneten Perspektive. Die Draufsicht und der Blick aus der Vogelperspektive sind sicherlich nützlich, wenn es darum geht, zu Schlussfolgerungen zu gelangen, die auf der Unternehmens- oder Abteilungsebene liegen, aber in diesem Fall geht es um Ihre persönliche Analyse.

1   Was ist konkret schiefgelaufen?

2   Welchen Anteil habe ich daran?

3   Was hätte ich besser machen können?

So lauten die drei Leitfragen, die Ihnen helfen, das Ganze zu analysieren. Sie selbst sind dabei der Bezugspunkt. Es geht bei dieser Aufarbeitung weder um Selbstgeißelung noch um ein Abwälzen der Verantwortung. Misserfolge lassen sich einfacher ertragen und für die Zukunft nutzen, wenn Sie sie in ein realistisches Verhältnis zu Ihrer eigenen Verantwortung setzen. Das Ziel ist es schließlich, Fehler nicht zu wiederholen, und für sich selbst einen guten Weg zu finden, um zu verwertbaren Ergebnissen zu kommen.

> Geraten Sie nicht in eine Haltung, in der alles, was nicht optimal verläuft, zum Problem wird und jedes Problem am Ende automatisch als Misserfolg verbucht wird. Angesichts unzähliger Verbesserungsprojekte und Optimierungsoffensiven gerät folgende Tatsache gerne in Vergessenheit: Das Optimum ist bei der Zusammenarbeit von Menschen ein Zustand, den man zwar anstreben, aber nicht erreichen kann.

Persönlicher Misserfolg hat viele Gesichter: das Projekt, das Sie geleitet haben und das nicht im Budget geblieben ist; das neue Produkt, das Sie mitentwickelt haben und das sich nicht so verkauft wie erwartet. Auch wenn Ihr Jahresbonus magerer ausfällt als angekündigt, ist das ein Negativposten in Ihrer Erfolgsbilanz.

Diese drei Misserfolgsfälle sind aber in ihrem Charakter sehr unterschiedlich: Bei einem zu teuren oder gescheiterten Projekt hat der Projektleiter sicherlich eine besondere Verantwortung. Demgegenüber ist die Rolle eines Mitglieds in einem Entwicklungsteam kleiner, was sich auch auf die Einflussmöglichkeiten und damit auf die Verantwortung für die Niederlage auswirkt. Gänzlich andere Aspekte sind relevant, wenn es um die Honorierung Ihrer persönlichen Arbeitsleistung geht. Wie hoch ein Bonus ausfällt, ist abhängig von der wirtschaftlichen Gesamtentwicklung des Unternehmens und von den

Bonussystemen als solchen. Natürlich spielt hier auch eine Rolle, wie Ihre Vorgesetzten Ihren Anteil am Unternehmenserfolg einschätzen. Misserfolge auf diese Art zu bewerten und einzuordnen, bedeutet nicht, dass Sie die negativen Auswirkungen von Problemen und eigenen Fehlern verdrängen sollen.

Beispiel:

 Joachim Heller ist Fertigungsleiter in einem Unternehmen, das Spezialglas herstellt. Das Unternehmen hat viel Geld in eine neue Ofenanlage investiert, die zur Herstellung bruchsicherer Scheiben benötigt wird. Doch im Betrieb der Anlage treten immer wieder Probleme auf. Auch vier Monate nach Anlagenstart bleibt der Anteil der Scheiben mit Produktionsfehlern unverändert hoch. Er liegt mehr als das Doppelte über dem erwarteten Wert. Joachim Heller war für das Projekt zur Montage, zur Einrichtung und zum Anfahren der Anlage verantwortlich. Jetzt muss er seinem Chef Hans Ketel, dem Geschäftsführer für Produktion, die schlechten Ergebnisse erklären.

Joachim Heller befindet sich also in der klassischen Situation des Sandwichmanagers: Ihm wurde die Leitung eines komplexen Projekts übertragen, das nicht die gewünschten Resultate bringt. Seine Verantwortung steht unter diesen Bedingungen außer Frage. Für ihn geht es jetzt darum, diese wahrzunehmen. Mit einer sachlichen Analyse schafft er die Basis, um Verantwortungsbewusstsein zu zeigen und zudem unberechtigte Kritik abwehren zu können. Gleichzeitig präsentiert er Herrn Ketel ein umfassendes Bild der Probleme aus seiner Sicht.

Dies zeigt, wie Sie im Angesicht eines Misserfolgs handeln können, um die Situation wieder in den Griff zu bekommen.

Bereiten Sie ein schwieriges Gespräch mit Ihrem Chef besonders gut vor:

- Liefern Sie Zahlenmaterial, das die Ergebnisabweichungen und ihre Auswirkungen belegt.
- Erläutern Sie Arbeitsprozesse oder andere Faktoren, die Einfluss auf diese Ergebnisse haben, möglichst anschaulich.
- Bereiten Sie Ihre Analyse so auf, dass sich Ihr Chef möglichst schnell ein Bild machen kann, das so konturiert wie möglich und so detailreich wie nötig ist.

Schaffen Sie sich mit einer Analyse den Freiraum, um bewusst und auch selbstbewusst mit Ergebnissen umzugehen, die nicht so ausgefallen sind, wie Sie und andere es sich vorgestellt haben. Dabei sollten immer auch die Auswirkungen des Misserfolgs im Fokus stehen: Welche konkreten Probleme hat ein Projekt, das nicht optimal verlaufen ist, verursacht? Wie lässt sich das in Kosten oder zusätzlicher Arbeit belegen? Und natürlich ist es besonders wichtig herauszufinden, welche Nachteile auf der Kundenseite entstanden sind.

Mit diesem Vorgehen erreichen Sie gleich zwei Dinge auf einmal: Sie beweisen durch Ihre Analysefähigkeit Sachkompetenz und Sie geben Ihrem Vorgesetzten die Möglichkeit, sich eine eigene Meinung zu bilden. Eine objektive, sachorientierte Form der Analyse signalisiert auch, dass Sie sich Ihrer Verantwortung nicht entziehen.

Darüber hinaus sollten Sie auch auf Nachfragen Ihres Chefs vorbereitet sein. Wenn er Sie nach Ihrer Verantwortung fragt, nach Dingen, die Sie in Zukunft verändern wollen, sollten Sie darauf eine Antwort parat haben. Die muss noch nicht detailliert sein, aber Sie müssen deutlich machen, dass Sie sich auch mit Ihrer eigenen Rolle auseinandergesetzt haben. Das ist es schließlich, was jeder Vorgesetzte von einer kompetenten Führungskraft erwartet.

2. Schritt: Konstruktive Ursachenforschung

Trennen Sie bei der Suche nach den Ursachen für einen Misserfolg zwischen Sachgründen und Gründen, die in Ihrem eigenen Verhalten liegen. Nur so können Sie systematisch die richtigen Ansatzpunkte für Veränderungen finden. Sachliche Gründe sind meistens mit Projektdetails verbunden. Sie geben Aufschluss darüber, was bei einem Projekt konkret nicht funktioniert hat. Solche Analysen sind eine Gruppenaufgabe für alle, die an einem Projekt oder in einem Unternehmensbereich mitarbeiten.

Beispiel:

 Herr Heller hat seinem Chef eine kompetente Analyse geliefert und steigt mit ihm jetzt in die Erkundung der Ursachen ein. Auch dafür hat er die notwendige Vorarbeit geleistet: Er hat mit dem Hersteller und den Monteuren der neuen Ofenanlage ebenso gesprochen wie mit dem Anlagenleiter und den Mitarbeitern, die die Anlage jetzt täglich in der Fertigung bedienen. So kann er Herrn Ketel verschiedene Sichtweisen auf die Problemursachen bieten.

Mit diesen weitergehenden Informationen zu den Problemursachen liefert Herr Heller seinem Chef eine gute Grundlage, um zu einer gemeinsamen Einschätzung der Situation zu kommen. Außerdem bietet er ihm damit eine nützliche Entscheidungsgrundlage für die nächsten Schritte.

Beispiel:

 Nachdem Herr Ketel und Herr Heller zu einer gemeinsamen Einschätzung über den Sachstand und die Problemursachen in der Glasfertigung gekommen sind, verlagern sie die weitere Klärung wieder in das Projektteam. Auf dieser Basis geben die beiden als Gesamtverantwortlicher einerseits und Projektleiter andererseits gemeinsam die Ziele vor und öffnen die Ursachenforschung für das Team. So werden nun auch der Hersteller der neuen Ofenanlage und diejenigen einbezogen, die mit der Anlage seit Monaten in der Glasproduktion arbeiten. Auf diese Weise beginnt die detaillierte Ursachenforschung mit neuen Vorgaben in einem intakten Team.

Gerade wenn die Ergebnisse bei der Bewältigung Ihrer Aufgaben oder Ihrer Projektsteuerung nicht positiv sind, ist es besonders wichtig, Ihren Chef an Ihrer Seite zu wissen. Mit ihm Einigkeit zu erzielen, ist eine wichtige Voraussetzung für eine Problemlösung.

> Ziehen Ihr Chef als Gesamtverantwortlicher und Sie als Projektleiter an einem Strang, stärkt das Ihre Autorität, auch wenn die Ergebnisse nicht den Erwartungen entsprechen. Das ist besonders wichtig, wenn Sie Veränderungen in Angriff nehmen wollen.

Der Konsens mit Ihrem Chef stärkt Ihre Führungsposition gegenüber Ihrem Team und schafft neue Möglichkeiten, um Veränderungen durchzusetzen. Seien Sie sich dabei auch bewusst, dass bei dieser Ursachendefinition die Hierarchie zwischen Ihnen und Ihrem Vorgesetzten wirksam ist. Sie selbst tragen als Führungskraft Teilverantwortung, Ihr Chef aber hat Verantwortung für den gesamten Bereich und muss die Probleme in Ihrem Projekt auch gegenüber seinen Vorgesetzten und der Geschäftsführung vertreten. Vor diesem Hintergrund ist es logisch, dass seine Beurteilung im Zweifelsfall Vorrang vor Ihrer hat. Je qualifizierter Ihr Input ist, umso leichter machen Sie es Ihrem Chef, Ihnen auch weiterhin das Vertrauen zu schenken, um das in Schwierigkeiten geratene Projekt weiter zu führen.

Damit ist die Aufarbeitung jedoch noch längst nicht abgeschlossen. Sie sollten sich zudem auch für Ihren eigenen Beitrag am Geschehen interessieren. Wenn Ihre Entscheidungen oder Aktionen Mitursache für das Scheitern waren, schauen Sie genauer hin und fragen Sie sich: Folge ich bestimmten Verhaltensmustern, die regelmäßig zu Schwierigkeiten führen? Solche Muster können viele unterschiedliche Ausprägungen haben. Legen Sie besonderes Augenmerk auf die Art und Weise, wie Sie Entscheidungen treffen:

- Treffen Sie Entscheidungen aktiv oder sitzen Sie sie gerne aus?

- Sind Sie eher zögerlich oder handeln Sie vorschnell?

- Lassen Sie sich zu Entscheidungen drängen, die Ihren eigenen Überzeugungen widersprechen?

- Verhandeln Sie hart genug, wenn es um die Rahmenbedingungen für Ihre Arbeit oder Ihre Projekte geht, oder geben Sie zu schnell nach?

- Haben Sie Probleme, Widerstände zu überwinden?

3. Schritt: Kurz– und langfristige Veränderungen planen

Im dritten und letzten Schritt geht es darum, Ideen zu entwickeln, die dabei helfen, das Risiko zukünftiger Misserfolge zu vermindern. Sie sollten sie in zwei Gruppen einteilen, und zwar in Veränderungsvorschläge,

1   die Ihre persönliche Arbeitsweise betreffen,

2   die Ihre unmittelbaren Mitarbeiter und Ihre Abteilung adressieren.

Wenn es um Ihre eigene Arbeitsweise geht, sollten Sie beim Nachdenken über Verbesserungen nicht im eigenen Saft schmoren. Holen Sie sich Feedback von Ihrem Chef oder von Kollegen und Mitarbeitern, denen Sie vertrauen. Nutzen Sie auch Möglichkeiten zur externen Weiterbildung, wie Sie viele Unternehmen im Rahmen der Personalentwicklung von Ihren Führungskräften auch erwarten. Das kann auch heißen, mit einem Management-Coach zu arbeiten. Wenn Ihnen das vielversprechend erscheint und Ihr Unternehmen das nicht anbietet, können Sie auch in sich selbst investieren und einen eigenen Coach engagieren.

Beispiel:

 Herr Heller hat sich mit den Fragen zu seinem Führungsverhalten zunächst für sich selbst auseinandergesetzt. Weil aber zu seinem Chef trotz der Probleme in seinem aktuellen Projekt ein gutes Verhältnis hat, bittet er Herrn Ketel um ein persönliches Feedback. Die Einschätzungen seines Vorgesetzten will er als Basis dafür nutzen, um sein eigenes Führungsverhalten zu verändern.

Wenn Sie in Ihrem Führungsverhalten Defizite und Verbesserungspotenzial identifiziert haben, prüfen Sie Möglichkeiten, um hier Abhilfe zu schaffen. Suchen Sie sich Unterstützung, um Ihre konkreten Veränderungsziele festzulegen. Ein möglicher Unterstützer kann Ihr Vorgesetzter oder ein von Ihnen gewählter Mentor sein. Auf jeden Fall ist es von Vorteil, wenn Sie die Ziele nicht im Dialog mit sich selbst, sondern in echtem Austausch mit einer Vertrauensposition verfolgen. Die externe Perspektive, die Ihnen durch den Dritten vermittelt wird, gibt Ihnen einen wichtigen Impuls, um über die weiteren Schritte zu entscheiden. Entscheiden Sie sich für ein Coaching, haben Sie so eine breitere Basis, um einen Coach auszuwählen, der zu Ihrem Anforderungsprofil passt. Auch wenn Sie nach Fortbildungsmöglichkeiten suchen oder schlicht Veränderung durch Selbstmanagement anstreben, können Sie jetzt gezielter vorgehen.

Das geht doch auch anders – Verbesserungen durchsetzen

Als Sandwichmanager kennen Sie viele Schnittstellen im Unternehmen. Gerade in einer immer stärker von Projekten getriebenen Unternehmenswelt sind Sie in zahlreiche Prozesse involviert und arbeiten in verantwortlicher Position mit vielen Menschen zusammen. Darüber hinaus blicken Sie aus einer eigenen Perspektive auf das Unternehmen, weil Sie sowohl im engen Austausch mit Ihrem Chef als auch mit Ihren Mitarbeitern stehen.

Ihre Sichtweise auf Arbeitsabläufe und Arbeitsergebnisse liefert Ihnen also ein Bild über mehrere Hierarchiestufen hinweg. Sie sehen, was funktioniert, wo Probleme auftreten und welche Ansatzpunkte existieren, um Lösungen für diese Probleme zu entwickeln. Deshalb sind Sie in einer besonders guten Position, um Impulse für notwendige Veränderungen im Unternehmen zu setzen. Doch in der Realität ist das nicht so einfach. Trotz flacher Hierarchie und vermeintlich flexiblen Organisationsstrukturen werden Veränderungsprozesse immer noch vor allem von oben initiiert bzw. gerne unter externer Federführung durch Unternehmensberatungen umgesetzt. Lassen Sie sich dadurch nicht entmutigen, sondern entwickeln Sie eigene Strategien, um als Impulsgeber für Veränderungen im Unternehmen zu wirken.

Wie Sie Ihren Chef für Veränderungen begeistern

Vielleicht kommt Ihnen die folgende Situation bekannt vor: Sie haben mehrfach versucht, eigene Ideen, die die Arbeitsprozesse und -abläufe im Unternehmen verbessern sollen, einzubringen. Alle Ihre Versuche wurden von Ihrem Vorgesetzten mit fadenscheinigen Begründungen abgewiesen, ohne Ihnen Raum zu lassen, ihn mit Argumenten von der Idee zu überzeugen. In die im Unternehmen installierte „Ideenbörse" haben Sie kein Vertrauen, da eingebrachte Ideen dort sehr oft ohne nachvollziehbare Begründung abgeschmettert wurden. Was tun?

Wenn Sie sich für Veränderungen einsetzen, machen Sie Ihren Vorgesetzten zu Ihrem wichtigsten Verbündeten. Wollen Sie ohne seine Unterstützung Changemanagement betreiben, wird Sie das viel zusätzliche Energie kosten, während Ihre Erfolgsaussichten eher gering bleiben. Auch in Unternehmen mit modernen Strukturen gilt: Je höher eine Führungskraft in der Organisationsstruktur des Unternehmens angesiedelt ist, umso leichter wird es ihr fallen, Veränderungen durchzusetzen. Sie hat dann mehr Autorität, Change-Prozesse einzuleiten und die Rahmenbedingungen zu kontrollieren. Je weiter unten man steht, umso besser müssen die Argumente für die Veränderung sein. Überzeugende Kommunikation ist der Schlüssel, um erfolgreich Veränderungen anzustoßen. Bauen Sie eine Argumentationskette auf, in der Sie die Gründe für die Veränderungen analysieren, daraus entsprechende Ziele ableiten und den Nutzen des Change-Projekts für alle Beteiligten deutlich machen.

Überzeugen durch geschicktes Argumentieren

Beginnen Sie im Überzeugungsgespräch mit Ihrem Chef positiv: Argumentieren Sie ergebnisorientiert und zählen Sie die Vorteile auf, die Sie sich von Veränderungen versprechen. Untermauern Sie Ihre Thesen mit Fakten. So argumentieren Sie nah an der Praxis und wecken Interesse. Denn wie jeder andere Mensch auch, interessiert sich Ihr Chef vor allem für Dinge, die ihm und dem Unternehmen Nutzen bringen. Das gilt gerade in der wettbewerbsorientierten Unternehmenswirklichkeit, in der Veränderungen zu einer Konstante geworden sind.

Nutzenargumente überzeugen. Eine schlechte Idee ist es hingegen, ein Gespräch mit einer Diskussion zu den Kosten zu eröffnen, die für die Umsetzung Ihrer Idee anfallen. Kosten sind der wichtigste Ablehnungsgrund von neuen Ideen. Ihr Chef wird Sie noch früh genug fragen, wie viel er dafür investieren muss. Wenn er die Frage stellt, ist er aber offenbar schon interessiert. Soweit müssen Sie ihn erst einmal bringen. Haben Sie das Interesse bei Ihrem Vorgesetzten geweckt, sind Kosten zwar immer noch ein großes Thema, sie stehen aber nicht mehr im Fokus.

Schaffen Sie für Ihre Idee und deren positiven Auswirkungen eine solide Faktenbasis. Wenn Sie eine Veränderung mit Erfolg auf den Weg bringen wollen, investieren Sie Zeit in die Recherche. Es lohnt sich. Zitieren Sie aus Studien oder Projektberichten, bei denen etwas Ähnliches versucht wurde. Machen Sie sich keine Sorgen, Sie werden entsprechendes Material finden. Es gibt inzwischen eigentlich nichts, zu dem keine Studie existiert. Seien Sie dabei nicht einseitig. Vermutlich gibt es auch eine Untersuchung, die das Gegenteil belegt. Diese sollten Sie auch erwähnen. Legen Sie sich aber Argumente zurecht, warum sie in Bezug auf Ihre Idee nicht zutrifft.

> Beachten Sie, wenn Sie Studien heranziehen: Ihre Vergleichsdaten sollten zu Ihrem Unternehmen passen. Zahlen von Großunternehmen sind nicht unbedingt auf den Mittelstand übertragbar.

Nicht zu viel und nicht zu wenig: Vorschläge zur Umsetzung

Zeigen Sie Ihrem Chef auch, dass Sie sich bereits Gedanken zur Umsetzung gemacht haben. Definieren Sie die nächsten notwendigen Schritte und machen Sie Vorschläge, wer welche Arbeiten übernehmen könnte. Legen Sie dar, dass die Umsetzung nur kurzfristig zu einer Mehrbelastung für Sie, die Abteilung und Ihren Vorgesetzten führt, langfristig aber zu einer deutlichen Erleichterung. Vergessen Sie auch nicht, einen konkreten Zeitplan für die Umsetzung vorzulegen. Je konkreter der Plan ist, desto wahrscheinlicher wird Ihr Vorgesetzter einsteigen.

Je weniger grundsätzliche Fragen offen bleiben, desto besser. Gibt es dagegen viele unbekannte Faktoren, reagiert Ihr Chef darauf höchstwahrscheinlich mit Angst vor dem Neuen. Dies bringt ihn dazu, sich auf die negativen Seiten zu konzentrieren.

Machen Sie aber andererseits auch nicht den Fehler, Ihre Argumentation mit Details zu überfrachten. Veränderungen sind in erster Linie eine Frage der praxisnahen Umsetzung und nicht der vorgreifenden Planung. Wenn Sie Ihre Veränderungsidee bis ins Kleinste durchdeklinieren, werden Sie bei Ihrem Chef Widerwillen wecken: Das hinterlässt den Eindruck als ließe sich ein Veränderungsprojekt am Schreibtisch entwerfen, ohne andere zu beteiligen. Außerdem dürfen Sie Ihrem Vorgesetzten nicht die Möglichkeit nehmen, eigene Ideen als Input zu äußern. Wenn er diese Option nicht hat, wird er sich mit dem Projekt nicht identifizieren. Und genau diese Identifikation brauchen Sie, sowohl bei der Initiierung des Projekts als auch bei der Umsetzung.

In dem Moment, in dem Sie Ihren Chef von einer Veränderungsidee überzeugen, können Sie ein Team bilden. Denn ein kluger Vorgesetzter weiß, dass er gerade bei der Umsetzung von Change-Projekten wiederum auf motivierte Manager angewiesen ist, die auf der operativen Ebene entschlossen handeln und den Mitarbeitern den konkreten Sinn hinter den Veränderungen vermitteln.

Der richtige Zeitpunkt für neue Ideen

Wenn man das Dach eines Hauses neu eindeckt, fängt man damit nicht im Spätherbst oder Winter an. Die Bauarbeiter kommen im Frühling oder Sommer, wenn angenehmes Wetter anstatt Sturm, Regen oder Schnee zu erwarten ist. Bei Change-Prozessen in Unternehmen sieht das häufig anders aus: Veränderungsbedarf wird gerade dann als besonders dringend empfunden, wenn es nicht gut läuft, wenn die Zahlen nicht stimmen, Ziele verfehlt werden oder Prozesse bereits nicht mehr funktionieren. Deshalb sind Change-Projekte oft Schlechtwetteraktivitäten. Man muss dann so schnell wie möglich Missstände beseitigen. Unüberlegte, eilige, von oben initiierte Änderungen sind die Folge, die dann, wenn wieder Ruhe eingekehrt und Gras über die Sache gewachsen ist, ebenso rasch wieder vergessen werden. Gerade diesen Fehler sollten Sie nicht machen, wenn Sie über Change-Initiativen nachdenken und Ihren Vorgesetzten mit ins Boot holen wollen.

Setzen Sie Signale für Änderungen also genau dann, wenn der Himmel wolkenlos und blau ist. Machen Sie Ihre Hausaufgaben und zeigen Sie Ihrem Chef Möglichkeiten, wie sich Effizienzgewinne oder Einsparungen realisieren lassen.

> Meiden Sie Zeiten, in denen Ihr Vorgesetzter gerade mit anderen Schwierigkeiten zu kämpfen hat. Auch Termine kurz vor dem Urlaub sind keine gute Idee für Change-Gespräche. Lassen Sie sich lieber einen Termin geben, wenn Ihr Vorgesetzter z.B. gerade aus dem Urlaub zurückgekehrt und noch entspannt und offen für neue Ideen ist.

Mitarbeiter ins Boot holen

Erfolgreicher Wandel ist eine Gruppenaktivität. Es reicht nicht aus, in Zusammenarbeit mit Ihrem Chef einen Impuls zu setzen, den niemand aus Ihrem Team weiterverfolgt und unterstützt. Sie müssen so viele Menschen wie möglich auf dem Veränderungsweg mitnehmen. Das ist vor allem eine Kommunikations- und Überzeugungsaufgabe. Es sollte Ihnen gelingen:

- Problembewusstsein bei den anderen zu schaffen,
- die Veränderungsziele so zu erklären, dass diejenigen, die vom Change betroffen sind, den Nutzen hinter den Zielen verstehen,
- die Meinungsmacher im Team hinter sich zu bringen,
- den Zweiflern das Gefühl zu geben, dass auch ihre Argumente gehört und berücksichtigt werden,
- Promotoren des Wandels, also veränderungsbereite Mitarbeiter, gezielt auszuwählen und zu stärken.

Doch allein mit einer guten Kommunikationsstrategie lässt sich kein Wandel gestalten. Viel hängt vom Projektdesign ab. Dazu gehört auch ein bisschen Psychologie: Gestalten Sie den Ablauf Ihres Change-Projekts so, dass bereits zu einem frühen Zeitpunkt erste positive Auswirkungen sichtbar werden oder es zumindest ein positives Feedback von oben gibt. Hier brauchen Sie wiederum Ihren Chef.

Veränderungstypen: Jeder reagiert anders auf Change

Jeder Mensch ist anders. Jeder reagiert daher auch unterschiedlich auf Veränderungen. Veränderungen können Begeisterung wecken oder Ängste hervorrufen. Zum Leidwesen erfahrener Changemanager sind die Begeisterten eine kleine Minderheit und die Ängstlichen deutlich in der Überzahl.

Die Veränderungstypen		
für Veränderung	neutral	gegen Veränderung
Promotoren		Boykotteure
Unterstützer	Mitläufer	Zweifler / Nörgler

Promotoren

Promotoren sind Treiber des Wandels. Sie sind Mitarbeiter mit eigenen Ideen, die kreativ denken, die auch innovative Ideen anderer schnell begreifen und daraus Handlungsmöglichkeiten entwickeln. Sie sind aktiv, stehen dem Wandel positiv gegenüber. Als Führungskraft sollten Sie diesen Mitarbeitern die Möglichkeit geben, die eigenen Ideen einzubringen und

Verbesserungsvorschläge zu machen. Anderenfalls riskieren Sie, dass die Promotoren aus Enttäuschung die Motivation verlieren. Binden Sie diesen Veränderungstyp kontinuierlich an das Projekt, achten Sie aber darauf, dass Sie seine Kreativität und seinen Ideenreichtum in geordnete Bahnen lenken.

Unterstützer

Unterstützer stehen der Veränderung prinzipiell positiv gegenüber. Sie zeigen aber keinen eigenständigen Einsatz für den Wandel. Sie sind passiv und müssen angeleitet werden. Als Changemanager profitieren Sie von diesen Mitarbeitern, wenn Sie ihnen eine klare Rolle und Aufgabenbeschreibung im Veränderungsprojekt zuweisen.

Mitläufer

Mitläufer bilden in Veränderungsprozessen in der Regel die größte Gruppe. Sie verhalten sich grundsätzlich eher passiv und vertreten keine eigene Meinung. Wenn es ausreichend Aktive gibt, die aus Überzeugung am Wandel mitarbeiten, werden diese die Mitläufer mitziehen. Dennoch müssen Sie Vertreter dieses Typs immer wieder in den Change einbeziehen und motivieren. Sonst besteht die Gefahr, dass sie in den Kreis der Zweifler oder Nörgler abdriften. In Bezug auf die Mitläufer ist die wichtigste Aufgabe eines Projektverantwortlichen die Motivation. Belohnen Sie diejenigen, die ins aktive Lager überwechseln und den Wandel unterstützen, und wenn dies nur durch Gesten oder Wertschätzung geschieht.

Zweifler und Nörgler

Gegen Zweifler hilft Information, gegen Nörgler, die auf Widerstand aus sind, eher weniger. Zweifler sind Passive, die Veränderungen nicht behindern, aber auch nicht fördern. Nörgler sind in ihrem Wesen ebenfalls passiv und stemmen sich nicht aktiv gegen Veränderungen. Allerdings sorgt das Nörgeln für schlechte Stimmung und kann besonders Mitläufer negativ beeinflussen. Nörgler können Sie meist ruhigstellen, wenn Sie sie zu konstruktiven Vorschlägen auffordern. Konstruktives haben sie oft nicht zu bieten und wenn Sie sie doch dazu bringen können, Alternativvorschläge zu machen, haben Sie sie schon fast auf die Seite der Engagierten gezogen. Auch die Taktik, die Nörgler mit ihrer eigenen Nörgelei zu konfrontieren, ist durchaus vielversprechend. Erstens fühlen sich Mitarbeiter dieses Typs oft nicht wohl, wenn sie „enttarnt" werden. Zweitens senden Sie ein positives Signal gegenüber motivierten und eher passiven Mitarbeitern, wenn Sie sich Nörgelei nicht gefallen lassen.

Boykotteure

Boykotteure sind diejenigen, die jedem Changemanager das größte Kopfzerbrechen bereiten, weil sie die Akzeptanz anderer Mitarbeiter gezielt untergraben und aktiv gegen das Veränderungsprojekt arbeiten. Wenn Sie für ein Change-Projekt verantwortlich sind, überlegen Sie sich deshalb genau, wie lange Sie versuchen, diese widerspenstigen Blockierer zu überzeugen, und ab wann Sie Gegenmaßnahmen ergreifen. Die eleganteste Möglichkeit, um Boykotteure zu neutralisieren, ist es, sie dauerhaft beschäftigt zu halten. Geben Sie Ihnen Aufgaben, die anspruchsvoll sind. Dann nehmen Sie ihnen die Zeit, um Sand ins Getriebe zu streuen.

Machen Sie Boykotteure auf mögliche negative Konsequenzen ihres Verhaltens aufmerksam oder ziehen Sie sie schlicht vom Projekt ab, wenn das möglich ist. Das ist angesichts der Personalknappheit bei Fachkräften leichter gesagt als getan. Aber denjenigen, die den Wandel behindern wollen, muss zumindest deutlich werden, dass ihr Einfluss beschnitten wird, und dass sie letztlich ihrer eigenen Position im Unternehmen schaden. Entmachten Sie Boykotteure, indem Sie ihrer Negativhaltung unmissverständlich entgegentreten.

Suchen Sie die Meinungsmacher

Die Meinungsmacher lassen sich als Gruppe nicht eindeutig in dieses Schema einordnen. Sie sind diejenigen, die unter ihren Kollegen mit ihren Meinungen eine breite Anhängerschaft finden. Sie sind aktiv und können andere Mitarbeiter sowohl positiv als auch negativ beeinflussen. Jedes Team hat solche „inoffiziellen Führer". Die positiven Meinungsmacher können Sie zu wirkungsvollen Promotoren aufbauen.

Auf der anderen Seite des Spektrums gibt es auch negative Meinungsführer. Wenn diese zusätzlich als Boykotteure aktiv sind, können Sie eine Welle gegen die Veränderung in Gang setzen. Zeigen Sie diesen Personen genau, wie sich durch Ihre Idee die Dinge optimieren lassen und welche Vorteile sich hieraus schaffen lassen. Nehmen Sie die Ängste und Einwürfe der Mitarbeiter ernst. Zeigen Sie auf, welche negativen Folgen die Veränderung zunächst hat (z.B. Schulungsbedarf, kurzfristige Mehrarbeit), stellen Sie aber auch konkret den langfristigen Mehrwert und die Erleichterung heraus: Nennen Sie Zahlen. Erklären Sie, welcher zusätzliche Umsatz sich durch den Wandel generieren oder wie viel Zeit oder Geld sich durch den Projektvorschlag einsparen lässt. Halten Sie Ihre Botschaft so einfach und einprägsam wie möglich.

> Haben Sie die Meinungsmacher von Ihrer Idee überzeugt, haben Sie über kurz oder lang die ganze Mannschaft im Boot.

Wie Sie Widerstände überwinden und Killerphrasen entkräften

Streben Sie Änderungen an, müssen Sie mit Ablehnung und Gegenwehr rechnen. Dies ist ein ganz normales menschliches Verhalten. Wir Menschen neigen dazu, Neuem kritisch gegenüberzustehen und an alt Hergebrachtem, auch ohne weitere Begründung, festzuhalten. Neue Ideen bringen Ungewissheit. Wir können die Situation nicht einschätzen, wir fühlen uns unsicher. Vielleicht geht es auch Ihrem Vorgesetzten so. Die folgenden Scheinargumente bzw. Killerphrasen werden dann gerne ins Feld geführt.

- Bisher hat es auch funktioniert, warum sollten wir etwas ändern?
- Sie übertreiben das Problem, das Sie lösen wollen.
- Das macht sonst ja auch niemand so!
- Sie werden niemals genug Leute davon überzeugen.

Diese Killerphrasen sind eine Mischung aus Unterstellungen, bloßen Behauptungen und Schwarzmalerei. Sie sind Allgemeinplätze und weitgehend frei von Fakten. Das ist kein Wunder. Schließlich geht es denen, die Widerstand leisten, nicht darum, eine Argumentation zu führen, sondern sie abzuwürgen, bevor sie überhaupt begonnen hat.

Beispiel:

Ein deutscher Mittelständler, der im Bereich elektronischer Steckverbinder für Maschinen international führend ist, will einen Teil seiner F&E-Aktivitäten nach Kalifornien verlagern. Ernst Middendorp, der stellvertretende Forschungsleiter, widerspricht diesen Plänen vehement: „Das kann nicht funktionieren, weil die Forschungskultur in den USA anders ist. Wir sind als deutsches Unternehmen für amerikanische High Potentials interessant, und wenn wir unsere Fachkräfte ins Ausland schicken, schwächen wir unsere F&E-Abteilung in unserem Stammland. Wir werden viel Geld investieren und unter dem Strich an Know-how verlieren."

Herr Middendorp bastelt sich hier aus einer klassischen Kausalkette ein Totschlagargument zusammen. Gegen Kausalketten ist grundsätzlich nichts einzuwenden. Das Problem besteht allerdings darin, dass er seine Argumentation mit der Standardfloskel eines Pessimisten einleitet („Das wird nie funktionieren."), daran eine Behauptung anschließt („Die Forschungskultur in den USA ist anders.") und daraus eine Reihe von negativen Konsequenzen ableitet („Wir schwächen unsere Abteilung, wir investieren viel Geld, wir verlieren Knowhow."). Das garniert er zusätzlich mit einer negativen Grundhaltung („Wir sind nicht interessant.").

Diese Art der Argumentation ist schwach und damit nicht besonders überzeugend. Der plausible Plan zur teilweisen Verlagerung der F&E-Abteilung wird mit einer Reihe von negativen Konsequenzen behaftet, die zum genauen Gegenteil dessen führen, was der Ursprungsvorschlag bezweckt. Gegen solche und ähnliche Argumentationsstrategien hilft genaues Nachprüfen:

1   Sind die Annahmen korrekt, die der Argumentation zugrunde liegen?

2   Ist der behauptete Kausalzusammenhang überhaupt einer?

3   Wie stark sind die Glieder der Kausalkette verknüpft?

4   Wie plausibel sind die abgeleiteten Ergebnisse?

Eines ist an dem Argument von Herrn Middendorp besonders gefährlich: Seine Ausgangsthese („Die Forschungskultur in den USA ist anders") ist ja keineswegs unsinnig oder falsch. Das Problem ist aber, dass er daraus ein einseitig negatives Szenario entwickelt. Trotzdem kann so eine These viele Anhänger finden – gerade unter denjenigen, die Veränderungen gegenüber skeptisch eingestellt sind. Wer diese negative Grundhaltung teilt, wird bereitwillig auch die Kausalkette akzeptieren, die eine Reihe von Nachteilen aufzählt.

Beispiel:

 Nachdem Ernst Middendorp gesprochen hat, ergreift Gregor Schöller, der Leiter des Auslandsvertriebs, das Wort: „Ich stimme Ihnen zu: in Amerika gibt es eine andere Forschungskultur. Genau von der werden wir profitieren. Denn anders als Sie glaube ich, dass unser Unternehmen für Hochqualifizierte in den USA eine gute Adresse ist. Wir investieren in neues Know-how und in Innovation."

Herr Schöller zeigt, wie Sie eine negative Kausalkette in eine positive umdeuten. Das ist relativ einfach und eher eine Frage des rhetorischen Geschicks als der inhaltlich überzeugenden Argumentation. Killerphrasendreschern und manipulativen Argumentierern treten Sie am wirkungsvollsten entgegen, wenn Sie auf eine Kombination aus intelligenter Rhetorik und Sachargumenten setzen. Hier die wichtigsten Gegenmittel:

- Fragen Sie nach, um zusätzliche Informationen zu bekommen und um Informationsdefizite offenzulegen.

- Sprechen Sie Scheinargumente, Schwächen in der Argumentation und Fehler in Kausalketten offen an.

- Werden Sie aktiv in der Gesprächsführung, wenn ein Gesprächspartner blockiert oder schlicht auf Zeit spielt.

- Bereiten Sie sich gut vor und setzen Sie bei Ihrer eigenen Argumentation auf Fakten, Daten und Zahlen, ohne Ihre Gesprächspartner mit Details zu langweilen.

- Fassen Sie gerade längere Diskussionen regelmäßig aus Ihrer Sicht zusammen.

Erfolge bewusst genießen

Natürlich arbeiten Sie, weil Sie in Ihrer Arbeit Sinn sehen. Aber Sie arbeiten auch für den Erfolg, für die Anerkennung Ihrer Vorgesetzten und Kollegen, für die Beförderung, für ein höheres Gehalt und für eine Karriereperspektive. Wer Erfolge nicht genießen kann, der wird auf einem oft steinigen Karriereweg schnell die Motivation verlieren. Schließlich verleihen Erfolgserlebnisse genau die Energie, die man braucht, um auch die Berufsphasen zu überstehen, in denen es nicht rund läuft.

Trotzdem fällt es vielen Menschen schwer, Erfolge zu genießen. Sie behandeln jeden Erfolg nur als Zwischenstation und nehmen schon die nächste Aufgabe und den nächsten potenziellen Erfolg ins Blickfeld. Das ist keine gute Strategie, um Zufriedenheit im Beruf und eine gelungene Work-Life-Balance anzustreben.

Was treibt Sie an?

Hinterfragen Sie sich selbst: Woraus ziehen Sie Ihre Motivation? Was treibt Sie an? Erfolgs- und Leistungsorientierung gehen meistens Hand in Hand und werden in der wettbewerbsorientierten Berufswelt positiv bewertet. Schließlich ist Ehrgeiz auf dem Karriereweg eine Tugend, die von Vorgesetzten gefördert und von Unternehmen honoriert wird. Unsere Antreiber und Motivatoren sind das Ergebnis von Prägungen, die wir von unseren Eltern bereits in der Kindheit erhalten haben. Typische Antreiber erfolgsorientierter Menschen lauten: Streng dich an! Sei stark! Sei perfekt! Wenn solche Antreiber, die Leistung und Erfolg überbetonen, zu Ihren ausschließlichen Orientierungspunkten werden, laufen Sie Gefahr, dass Ihre persönlichen Bedürfnisse zu kurz kommen. Wer sich immer anstrengt, für den ist Erfolg das Ergebnis großer Bemühungen. Ein Erfolg, der mit Gelassenheit und Leichtigkeit erzielt wurde, zählt dagegen nicht wirklich. Auf diese Weise werden Projektabschlüsse und erreichte Ziele gar nicht als Erfolg gewertet. Wer immer stark sein will, der fühlt sich schwach, wenn er auf die Unterstützung anderer angewiesen ist. Wer immer perfekt sein will, für den ist selbst ein sehr gutes Ergebnis nicht gut genug.

Diese Form der Erfolgsorientierung lässt weder Entspannung noch Genuss zu. Sie hindert Sie daran, vertrauensvolle Beziehungen zu Kollegen aufzubauen und Teamarbeit zu würdigen. Vor allem verbauen Sie sich mit dem Streben nach Perfektion den Weg zur Zufriedenheit.

Lernen Sie zu schätzen, was Sie erreicht haben

Ihren Erfolg zu genießen, bedeutet auch, Ihre eigene Leistung und das, was Sie erreicht haben, wertzuschätzen. Erfolg ist im Wortsinn auch ein Erlebnis. Nehmen Sie sich die Zeit, dieses Erlebnis auszukosten. Wie Sie Ihre Erfolge genießen, hängt von Ihrem persönlichen Stil ab. Nutzen Sie den Erfolg als positiven Anlass, um Ihre Batterien aufzuladen. Belohnen Sie sich so, dass es Ihnen eine persönliche Freude bereitet, z.B. durch ein langes freies Wochenende oder ein besonderes Erlebnis mit der Familie.

Nutzen Sie die positive Stimmung, die Ihnen ein Erfolg im Verhältnis zu Ihrem Chef beschert. Denken Sie dabei nicht an das nächste Gehaltsgespräch. Das gehört in einen anderen Kontext. Vielleicht ist aber jetzt ein guter Zeitpunkt, um mit Ihrem Chef über Zukunftspläne zu reden.

> Erfolg verschafft Ihnen das Selbstvertrauen für sicheres Auftreten. Nehmen Sie diesen Impuls mit, aber achten Sie darauf, nicht überheblich zu wirken.

Eine ganz andere Möglichkeit ist es, einen Erfolg zum Anlass zu nehmen, um für die gesamte Abteilung etwas Positives herauszuholen. Hinter Ihnen steht eine Mannschaft, in der jeder Einzelne seinen Teil, und sollte es nur ein kleiner Teil sein, zum Erfolg beigetragen hat. Lassen Sie keinen außer Acht und jeden am Erfolg teilhaben. Ihre Mitarbeiter werden es Ihnen danken.

Erfolge machen stark

Halten Sie nach einem großen oder auch kleinen Erfolgserlebnis inne und gehen Sie den Weg zum Erfolg in Gedanken noch einmal:

- Welche Fähigkeiten haben Ihnen besonders geholfen?
- Welche Schwierigkeiten haben Sie überwunden, welche Probleme gelöst?
- Welche besonderen Momente sind Ihnen im Gedächtnis geblieben?
- Wie würden Sie Ihr Erfolgserlebnis beschreiben, wenn Sie jemandem davon berichten?

Auf diese Weise stärken Sie Ihr Vertrauen darin, dass Sie auch in Zukunft Erfolge erreichen und Probleme bewältigen können. Sie entwickeln im beruflichen Kontext etwas, dass die Psychologen Kohärenzgefühl nennen: Sie verstehen die Zusammenhänge, die Ihre Arbeit und Ihr Arbeitsumfeld prägen.

Die eigene Karriere fördern

Karriereperspektiven ergeben sich nicht zwangsläufig immer nur durch Kompetenz und harte Arbeit. Wenn Sie auf Ihrem Berufsweg vorankommen wollen, ist das auch eine Frage der bewussten Planung und der Definition von konkreten, realistischen Zielen. Erstellen Sie eine persönliche Karriere-Landkarte und überlegen Sie sich, wie Sie von Station zu Station kommen. Suchen Sie sich Ihre Aufgaben und Ziele in Bereichen, die Ihnen liegen und die Ihnen Freude bereiten.

Wohin soll die Reise gehen?

Eine wichtige Voraussetzung dafür ist: Seien Sie sich über Ihre Karriereziele im Klaren. Wie so oft im Leben, gilt auch hier: Wer kein Ziel hat, weiß nicht, wohin er laufen muss. Was möchten Sie in den nächsten beiden Jahren, was in den nächsten zwei oder fünf Jahren erreichen? Wählen Sie eine 12-Monats-Planung, sollten Sie sich dabei eng an den Planungsrhythmen von Unternehmen orientieren. Auf diese Weise können Sie Punkte definieren, die Ihnen für Entwicklungsgespräche mit Ihrem Vorgesetzten wichtig sind. Sie können sich auf Zielvereinbarungs- und Feedbackgespräche vorbereiten und über das Jahr hinweg Ihren persönlichen Ist-Soll-Vergleich im Blick halten.

Indem Sie Ihre berufliche Zukunft auch in Zwei-Jahres- und Fünf-Jahres-Zeiträumen betrachten, können Sie Ihre nächsten Karriereschritte durch Ziele und Maßnahmen zur mittelfristigen persönlichen Weiterentwicklung konkretisieren.

- Was sind die Themen, die Sie beschäftigen werden? Welchen Beitrag wollen und können Sie leisten?

- Welche Kompetenzen brauchen Sie und durch welche Maßnahmen können Sie diese stärken?

- Welche Personen im Unternehmen sind besonders wichtig, um Ihre Ziele zu erreichen?

- Welche Hindernisse erwarten Sie?

Eine kurz- und mittelfristige Karriereplanung ist umsetzungsorientiert und entsprechend nah an der Unternehmenswirklichkeit. Schließlich finden Ihre Planung und die Maßnahmen, die Sie ergreifen, um Ihren Zielen näher zu kommen, nicht im luftleeren Raum statt. Es gibt eine ständige gegenseitige Beeinflussung zwischen dem, was Sie tun, und den Weiterentwicklungen in Ihrem Unternehmen. Auf Letztere haben Sie nur einen begrenzten Einfluss. Wenn Sie Ihren Blick über Ihren jetzigen Arbeitgeber hinaus ausweiten, vergrößert sich die Zahl Ihrer Optionen und Ihrer möglichen Entwicklungspfade erheblich.

In vier Schritten zum Karriereplan

Wenn Sie Ihren eigenen Erwartungshorizont geklärt haben, gehen Sie am besten in vier Schritten vor.

Schritt 1: An den eigenen Kompetenzen arbeiten

Wenn Sie Ihr zukünftiges Kompetenzprofil gestalten wollen, denken Sie perspektivisch. In welchen Kompetenzbereichen müssen Sie sich verbessern, um Ihre kurz- und mittelfristigen

Karriereziele zu erreichen? Denken Sie dabei nicht nur an fachliche Kompetenzen. Wie sieht es mit Sprachen und Soft Skills aus? Wie offen sind Sie für Branchen, die Sie bisher noch nicht kennen? Wie flexibel sind Ihre Fähigkeiten einsetzbar? Schaffen Sie sich ein Kompetenzprofil, das aussagekräftig ist. Es ist kein realistisches Ziel, ein Alleskönner ohne Schwächen zu werden. Überlegen Sie daher auch, wie Sie eine Schwäche auf gute Weise oder mit Hilfe einer Stärke kompensieren können, oder welche Art von Weiterbildung, Tutoring, Mentoring oder Coaching Ihnen längerfristig weiterhilft.

Schritt 2: Passt Ihr Arbeitgeber zu Ihrer Karriere?

Sie machen Ihre Pläne, Ihr Arbeitgeber auch. Finden Sie heraus, in welchen Bereichen diese Pläne deckungsgleich sind und in welchen sie sich widersprechen. Gerade wenn Sie die nächsten zwei bis fünf Jahre im Unternehmen planen, bei dem Sie schon jetzt arbeiten, ist die Beziehungspflege zu Ihrem Chef und auch anderen Vorgesetzten besonders wichtig. Ihr Urteil spielt eine gewichtige Rolle für Ihren weiteren Aufstieg im Unternehmen. Sprechen Sie mit dem Chef offen darüber, wie er sich Ihre nächsten Stationen vorstellt. Welche Aufstiegs- und Veränderungsmöglichkeiten sieht er für Sie? Welche Fortbildungsmöglichkeiten gibt es?

Darüber hinaus sollten Sie sich auch mit der Weiterentwicklung des Gesamtunternehmens befassen. Welche Änderungen sind im Unternehmen geplant, die direkte Auswirkungen auf Sie haben können? In welchen Märkten will sich Ihr Unternehmen entwickeln, auf welche Technologien setzt es?

Denken Sie auch über die Unternehmenskultur nach. Schließlich wollen Sie in einem Unternehmen arbeiten, das zu Ihnen passt und in dem Sie sich wohlfühlen. Dabei geht es um mehr als gute Bezahlung und den Aufstieg in höhere Führungsebenen. Wie steht ein Unternehmen zur Vereinbarkeit von Familie und Beruf? Wenn Ihre persönliche Situation sich ändert, sei es durch Nachwuchs oder andere familiäre und persönliche Faktoren, können immaterielle Gesichtspunkte wie Arbeitszeitflexibilität oder auch die Möglichkeit eines Sabbaticals eine wichtige Rolle spielen.

Schritt 3: Nutzen Sie Kontakte und Netzwerke

Wenn Sie ein guter Netzwerker sind, hilft Ihnen das nicht nur im eigenen Unternehmen, sondern auch bei Ihrem beruflichen Lebensweg. Haben Sie gute Kontakte zu Kunden oder Zulieferern? Verfügen Sie durch Freunde über Anknüpfungspunkte auch in andere Branchen? Gerade wenn Sie einen Arbeitsplatzwechsel planen, sind Ihre Kontakte eine wichtige Möglichkeit, um sich zu informieren, aber auch um ein Netz von Empfehlungen aufzubauen.

Schritt 4: Tue Gutes und rede darüber

Eigenwerbung klingt nach Eigenlob und das ist in unserer Gesellschaft nicht hoch angesehen. Dabei gehört ein gutes Selbstmarketing schlicht dazu, wenn man beruflich weiterkommen möchte. Es muss ja nicht auf die plumpe Art geschehen. Keinesfalls ist es ein Verbrechen, über das, was man tut, auch zu reden oder es in anderer Form zu vermitteln. Die wichtigste Grundregel: Gehen Sie Ihren Gesprächspartnern nicht damit auf die Nerven. Es muss in den Kontext passen und darf nicht aufdringlich sein. Alles, was Sie brauchen, ist etwas Geschick und ein sympathisches Auftreten.

Was Sie tun können, wenn jemand Ihre Karriere sabotiert

Wie jede Führungskraft sind Sie auch als Sandwichmanager zu einem großen Teil von der Leistungsbereitschaft und Loyalität Ihrer Mitarbeiter abhängig. Es gehört zu den wichtigsten Führungsaufgaben, Leistung und Identifikation unter den eigenen Mitarbeitern zu fördern. Wenn Ihnen das nicht gelingt, weckt das ernste Zweifel an Ihrer Führungskompetenz. Was aber können Sie tun, wenn Mitarbeiter zwar Leistung zeigen, sich aber illoyal verhalten und an Ihrem Stuhl sägen?

Beispiel:

> Für Klara Mertens, Marketingleiterin in einem Telekommunikationsunternehmen, läuft es gut. Das letzte Projekt zur Neukundengewinnung hat prima funktioniert, das Feedback ihres Vorgesetzten war positiv. Probleme bereitet ihr nur Reinhard Hobel, einer ihrer Teamleiter. So hat er in Gesprächen mit Dritten behauptet, dass das Konzept für die Neukundenkampange in Wirklichkeit von ihm stamme und die Chefin, Frau Mertens, seine Idee „gekapert" habe.

Reagieren Sie in einer solchen Situation nicht übereilt, lassen Sie das Problem aber auch nicht weiter köcheln. Solches Verhalten zu ignorieren ist immer ein Risiko. Schließlich kann man nie wissen, was Intriganten als Nächstes einfällt. Wenn es um Ihren Ruf als Führungskraft geht, sollten Sie handeln, solange solche Illoyalitäten noch keinen größeren Mitarbeiterkreis erreicht haben.

Situation genau analysieren

Sobald Sie Indizien für das negative Verhalten Ihres Mitarbeiters haben, müssen Sie beginnen, die eine Lösung zu finden. Der erste Schritt dazu ist eine Situationsanalyse. Frau Mertens sollte sich zunächst folgende Fragen stellen:

- Was sind die konkreten Anzeichen für das illoyale Verhalten des Mitarbeiters?
- Wie stark stört das negative Verhalten Ihre persönliche Arbeit und die Arbeit Ihrer Abteilung?
- Welche Kreise zieht das Problem? Welche Personen können das illoyale Verhalten beobachten oder sind darüber informiert?
- Verfügt der illoyale Mitarbeiter über Unterstützer?
- Wie wichtig ist die Arbeitsleistung des betreffenden Mitarbeiters für die Abteilung?

Die Antworten auf diese Fragen helfen Frau Mertens einzuschätzen, wie gefährlich das Verhalten von Herrn Hobel für ihre Zukunft als Führungskraft ist.

Sabotageversuche entschärfen

Nach einer gründlichen Analyse des Sabotageaktes oder -versuches folgt das Handeln. Es geht nun darum, dessen Auswirkungen so klein wie möglich zu halten. Hier bieten sich, je nach Einzelfall, unterschiedliche Strategien an: Frau Mertens aus dem Beispiel oben könnte z. B. darüber nachdenken, über die Bande zu spielen. Das heißt, sie sucht nicht die direkte Konfrontation mit Herrn Hobel, sondern versucht, ihn zu isolieren. Das könnte sie z. B. tun, indem sie ihn in neue Projekte nicht involviert und ihn nur noch mit Routinearbeiten beschäftigt. Eine Alternative dazu wäre es, andere Teammitglieder über Herrn Hobels Verhalten zu informieren. Auf diese Weise geht Frau Mertens zwar einer direkten Konfrontation aus dem Weg, nimmt aber auch erhebliche Nachteile in Kauf. Das wichtigste Gegenargument gegen eine solche indirekte Strategie ist ebenso simpel wie einleuchtend: Ihr haftet der Geruch der Gegenintrige an. Hinzu kommt: Der Mut, anderen offen entgegenzutreten, ist ein entscheidendes Merkmal einer guten Führungskraft. Wenn Sie als Vorgesetzter nicht offen vorgehen, nehmen Sie sich die Chance, Führungsqualitäten zu zeigen.

Gegen Sabotageversuche, die wohl ärgsten Vertrauensbrüche, die es überhaupt mit einem Mitarbeiter geben kann, ist konsequentes und vor allem offenes Handeln die bessere Medizin: Sie können Ihre Führungsautorität bewahren und ausbauen, wenn Sie einen so grundsätzlichen und schweren Konflikt im direkten Dialog mit dem Saboteur austragen.

Kollegen als Karriereblocker

Ähnlich können Sie auch vorgehen, wenn es sich bei dem Intriganten nicht um einen Mitarbeiter, sondern um einen Kollegen auf Ihrer Managementebene handelt. In diesem Fall fehlt Ihnen natürlich der Hierarchievorteil, den Sie gegenüber einem Mitarbeiter haben. Aber wenn Sie sich als Führungskraft für höhere Aufgaben empfehlen wollen, sollten Sie einer Konfrontation nicht aus dem Weg gehen. Je nach Schwere des Konfliktes kann es dabei jedoch ratsam sein, einen Vorgesetzten hinzuzuziehen.

Auf einen Blick: Überlebensstrategien

- Keiner will sie, jeder wird ab und zu damit konfrontiert: Misserfolge und Niederlagen. Eine konstruktive Auseinandersetzung mit den Ursachen und Folgen hilft, das Beste aus ihnen zu machen.

- Die meisten Menschen setzen auf Bewährtes. Eine typgerechte Kommunikationsstrategie ist das beste Mittel, um sie von Neuerungen zu überzeugen.

- Wertschätzung für die eigenen Erfolge setzt Energien frei für die weitere Arbeit.

- Wer kein Ziel hat, weiß nicht, wohin er gehen soll. Dieser Grundsatz gilt vor allem für die eigene Karriere. Dabei geht es nicht nur um Positionen: Es gilt, sich kurz- und mittelfristig darüber im Klaren zu sein, welchen Beitrag man zum großen Ganzen leisten möchte.

Stichwortverzeichnis

Impressum

Bibliografische Information der Deutschen Nationalbibliothek
Die Deutsche Nationalbibliothek verzeichnet diese Publikation in der Deutschen Natio-
nalbibliografie; detaillierte bibliografische Daten sind im Internet über http://dnb.dnb.de
abrufbar.

Print: ISBN: 978-3-648-05700-1   Bestell-Nr.: 10704-0001
ePub: ISBN: 978-3-648-05701-8   Bestell-Nr.: 10704-0100
ePDF: ISBN: 978-3-648-05702-5   Bestell-Nr.: 10704-0150

Silke Weigang, Joachim Wöhrle
Führen in der Sandwichposition – Erfolg im mittleren Management
1. Auflage 2015, Freiburg

© 2015, Haufe-Lexware GmbH & Co. KG, Munzinger Straße 9, 79111 Freiburg
Redaktionsanschrift: Fraunhoferstraße 5, 82152 Planegg/München
Telefon: (089) 895 17-0
Telefax: (089) 895 17-290
Internet: www.haufe.de
E-Mail: online@haufe.de
Produktmanagement: Jürgen Fischer
Redaktion: Steffen Wagner
Redaktionsassistenz: Christine Rüber

Satz und Druck: Beltz Bad Langensalza GmbH, 99947 Bad Langensalza
Umschlag: Kienle gestaltet, Stuttgart

Die Autoren

Silke Weigang

begleitet Unternehmer, Manager, Politiker sowie Mitarbeiter öffentlicher Institutionen als Coach, Trainerin und Beraterin, insbesondere zu den Themen internationales Projektmanagement, interkulturelle Kommunikation, Führung und Innovation. Sie verfügt über Projekterfahrung in zahlreichen Ländern und arbeitet in vier Sprachen.

Joachim Wöhrle

Der gelernte Bankkaufmann ist seit 2006 Coach und Seminarleiter insbesondere zu den Themen Firmenkreditgeschäft, Beleihungswertermittlung, Teambildung und Zielerreichung. Als langjähriger Abteilungsleiter bei einer Bank hat er selbst viele praktische Erfahrungen zum Thema Sandwich sammeln können.

cc@creono.com
www.creono.com

Weitere Literatur

„Feedbackgespräche", von Anja von Kanitz, 128 Seiten, EUR 6,95, ISBN 978-3-648-04966-2, Bestell-Nr.: 00998

„Agiles Projektmanagement", von Jörg Preußig, 240 Seiten, EUR 9,95, ISBN 978-3-648-06517-4, Bestell-Nr.: 10708

Haufe TaschenGuides

Kompakt, günstig und einfach praktisch

Soft Skills

- Auftanken im Alltag
- Burnout
- Downshifting
- Emotionale Intelligenz
- Entscheidungen treffen
- Gedächtnistraining
- Gelassenheit lernen
- Gewaltfreie Kommunikation
- Körpersprache
- Lampenfieber und Prüfungsangst besiegen
- Lernen aus Fehlern
- Manipulationstechniken
- Menschenkenntnis
- Mit Druck richtig umgehen
- Mobbing
- Motivation
- Mut
- NLP
- Optimistisch denken
- Potenziale erkennen
- Psychologie für den Beruf
- Resilienz
- Selbstmotivation
- Selbstvertrauen gewinnen
- Sich durchsetzen
- Soft Skills
- Stress ade

Jobsuche

- Arbeitszeugnisse
- Assessment Center
- Jobsuche und Bewerbung
- Vorstellungsgespräche

Management

- Agiles Projektmanagement
- Aktivierungsspiele für Workshops und Seminare
- Besprechungen
- Checkbuch für Führungskräfte
- Compliance
- Delegieren
- Führen in der Sandwichposition
- Führungstechniken
- Konflikte erfolgreich managen
- Konflikte im Beruf
- Mitarbeitergespräche
- Mitarbeitertypen
- Moderation
- Neu als Chef
- Personalmanagement
- Projektmanagement
- Selbstmanagement
- Spiele für Workshops und Seminare
- Teams führen

- Virtuelle Teams
- Workshops
- Zeitmanagement
- Zielvereinbarungen und Jahresgespräche

Wirtschaft

- ABC des Finanz- und Rechnungswesens
- Balanced Scorecard
- Betriebswirtschaftliche Formeln
- Bilanzen
- BilMoG
- BWL Grundwissen
- Buchführung
- BWL kompakt
- Controllinginstrumente
- Deckungsbeitragsrechnung
- Einnahmen-Überschussrechnung
- Englische Wirtschaftsbegriffe
- Finanz- und Liquiditätsplanung
- Finanzkennzahlen und Unternehmensbewertung
- Formelsammlung Wirtschaftsmathematik
- IFRS
- Kaufmännisches Rechnen
- Kennzahlen
- Kontieren und buchen
- Kostenrechnung